文系のよくわかる

# 死とは何か

JN026458

監修
小林武彦
東京大学教授

# はじめに

　地球上の生き物の寿命は，酵母のような数日のものから，500年も生きるサメまで千差万別です。**しかし，すべての生き物に共通しているのは，「いつかは死ぬ」ということです。**もちろんヒトも例外ではありません。だれでも子供の頃に一度は，自分の死について真剣に考えたことがあると思います。死んだらどこに行くのかなどを考えると子供心には怖いものです。しかし大人になると，もう考えるのはやめて「そういうもんだ」と諦め，現実を受け入れてしまいますね。死は必ずきますが，誰も経験したことはなく，なんで死ななきゃならないのかさっぱりわかりません。

　**実は死には，確固たる理由があります。**それを理解するには，すべての生物は進化の結果作られた偶然の産物ということを認めてもらわないといけません。進化は「変化と選択」の繰り返しで，長い時間をかけて少しずつ進行します。「変化」は多様性です。生き残るには多様な子孫がまず必要です。次に「選択」。こちらは変わりゆく環境の中で，たまたま生き残ることを意味します。これを何度も繰り返して，少しずつ生き物は変化していきます。例えば，ヒトとチンパンジーはたったの30万世代遡ると同じご先祖さま（親）にたどり着きます。つまり「生まれて死ぬ」を30万回繰り返せば両者のちがいができるのです。**死はその個体にとっては終わりですが，長い生命の歴史の中では進化の原動力なのです。**

　さて，本書では私たちに必然的に訪れる死について考えてみます。死の本当の意味を理解し，逆に生きている状態に「新たな価値」を発見していただければ幸いです。

監修

東京大学 定量生命科学研究所教授

小林武彦

# 目次

## 1時間目 「生」と「死」の境界線

## STEP 1
## 死ぬとはどういうことか

世界の1年間の死者数は約5700万人 .................................. 14

生死を分ける境界線はどこにある? .................................. 20

人の「死」を決定づける,三つの特徴 .................................. 26

「脳幹」こそが生命維持の要 .................................. 30

似ているけど全然ちがう,植物状態と死 .................................. 33

意識はあるのに体が動かない「閉じ込め症候群」 .................................. 37

体は生きているのに,決して意識が戻らない「脳死」 .................................. 39

死んだ個体と生きている個体は何がちがう? .................................. 44

死んだ生き物の体は,時間がたつとくずれていく .................................. 49

## STEP 2
# 死にゆく体では何がおきるのか

臓器の機能低下が心停止をまねく.............................56

心臓は，突然停止することがある .............................60

心臓が止まると，すぐに脳細胞の死がはじまる.........................66

心臓マッサージで脳の死を食い止めよ！.............................69

死の間際，脳は最後の信号を出す.............................74

死後数時間で，全身の筋肉は固くなる.............................79

命が尽きても，臓器は生きつづける.............................94

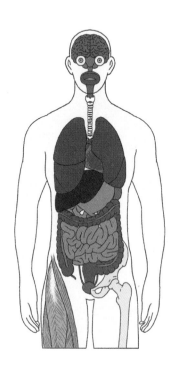

「不死化細胞」として生きつづける，アメリカ人女性 ................ 100

死亡診断書は死因の統計にも使われる ..................................... 103

老衰には，明確な定義がない ................................................. 106

死の原因を突き止める「法医解剖」 ........................................ 108

死は予測できるのかもしれない ............................................. 114

年齢が高くなるほど死への恐れが少なくなる ......................... 117

体と心の苦痛をやわらげる ................................................... 122

偉人伝① 不死化細胞を生んだ，ヘンリエッタ・ラックス .......... 130

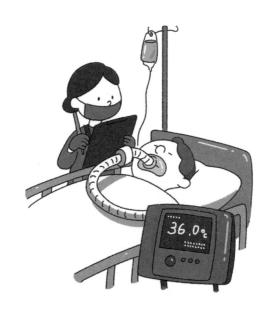

# 2時間目 死へとつながる老化

## STEP 1
## 脳の老化

20代から脳の老化がはじまる ............................................. 134

記憶の関連づけで，脳の老化に打ち勝つ............................. 140

脳が老化すると，体の動きがにぶくなる ................................ 145

# STEP 2
# 体の老化

60歳以上の6割以上は，白内障 ..................................... 150

筋肉は「速筋」から衰えていく ..................................... 160

筋肉が衰えると，生命維持機能が低下する ................... 164

基礎代謝が落ちて体が太る ....................................... 170

骨がスカスカになる骨粗鬆症 ..................................... 182

コラーゲンの減少が，しわの原因 ................................ 190

男性ホルモンが薄毛をもたらす ................................. 198

50歳までに，約50％が白髪になる ............................ 206

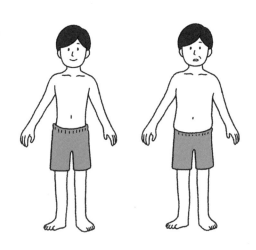

# 3 時間目　細胞の死と, 人の寿命

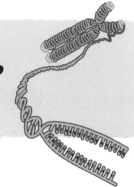

## STEP 1

## 細胞の死が人の死をもたらす

毎日4000億個の細胞が死んでいる ....................................... 212

脳の細胞の死は, 定期券タイプ ........................................... 218

皮膚の細胞の死は, 回数券タイプ ........................................ 220

細胞は, ヤバくなったら自殺する ......................................... 224

「テロメア」が細胞の老化具合を決める ................................ 228

「活性酸素」が細胞を老化させる ........................................ 236

がんは, テロメアを操作して不死化する ............................... 240

脳細胞の死が進みすぎるアルツハイマー病 ........................... 246

偉人伝② 脳の病気を発見, アロイス・アルツハイマー ........... 250

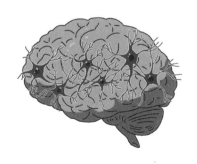

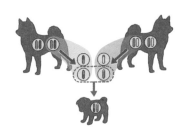

# STEP 2

# 寿命はなぜ生まれた？

人類は死をどこまで遠ざけられるのか？ .................................. 252

大腸菌には寿命がない ................................................. 257

寿命は有性生殖からはじまった ........................................ 259

ゾウリムシは原始的な寿命をもつ ...................................... 270

植物は不死になれる ................................................... 275

DNAには傷がたまりつづける .......................................... 282

DNAの傷は，進化にも結びつく ........................................ 287

生物の寿命を決める要因は，よくわからない .......................... 290

「長寿遺伝子」が寿命をもっとのばすかもしれない ................... 294

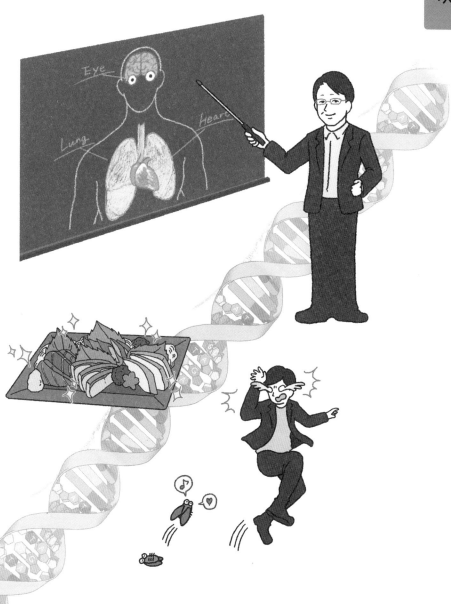

## とうじょう じんぶつ

小林武彦 先生

東京大学で分子生物学を
教えている先生

さえない文系サラリーマン（27才）

# 1

## 時間目

# 「生」と「死」の
# 境界線

## 死ぬとは どういうことか

私たちは「死」をまぬかれることができません。では「死」とは何でしょうか？ ここでは,死とはどういう状態なのかを,生物学や医学の視点から見てみましょう。

### 世界の1年間の死者数は約5700万人

先生,今日は「死ぬ」とはどういうことなのか教えてもらいたくてやってきました。

人は一度死んでしまうと,二度と生き返ることはできませんよね。

いったいどうなったら「死」なんでしょうか？

なぜ私たちは,「必ず死ぬ」のでしょうか？

## 不老不死を実現することはできないんでしょうか？

「死」について，たくさん疑問をもっているようですね。
「死」は，今生きている人はだれも経験したことがないわけですから，さまざまな見方，考え方があります。
しかしここでは，科学的な視点で，**「死とは何なのか」**，を考えていきましょう。

## 科学的に！

ぜひよろしくお願いします。

死って，自分も含めて，周囲の人たちが健康なときはあまり意識することはありませんが，世界中では，今もまさにだれかが死をむかえているわけですよね。

そうですね。
WHO（世界保健機関）が発表した2016年の統計によると，**世界の1年間の死者の数は約5690万人です。**
1日にすると15万人以上の人が，何らかの理由で死をむかえているわけです。

## 1日で15万人も!?

どういう理由で亡くなることが多いんでしょうか？
やっぱり**老衰**とか，**寿命**とか……？

いいえ，ちがうんです。
2018年にWHOが発表した**世界の死因のトップ10**を見てみましょう（次のページのグラフ）。

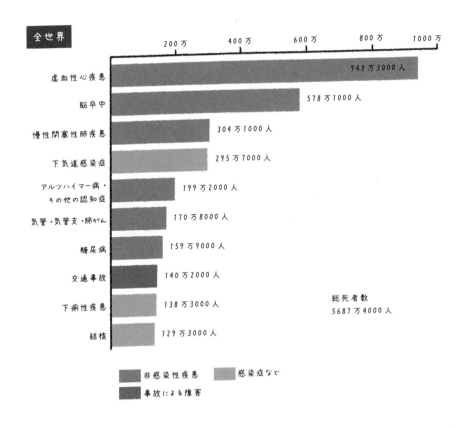

全世界

| | 200万 | 400万 | 600万 | 800万 | 1000万 |

| 虚血性心疾患 | 943万3000人 |
| 脳卒中 | 578万1000人 |
| 慢性閉塞性肺疾患 | 304万1000人 |
| 下気道感染症 | 295万7000人 |
| アルツハイマー病・その他の認知症 | 199万2000人 |
| 気管・気管支・肺がん | 170万8000人 |
| 糖尿病 | 159万9000人 |
| 交通事故 | 140万2000人 |
| 下痢性疾患 | 138万3000人 |
| 結核 | 129万3000人 |

総死者数
5687万4000人

■ 非感染性疾患　■ 感染症など
■ 事故による障害

 世界全体で死因として圧倒的に多いのは**虚血性心疾患**です。

 きょ，きょけつせい……？

 虚血性心疾患とは，心筋梗塞など，心臓の血管がつまることでおきる心臓病です。

そして次に多いのは，脳の血管がつまったり破れたりする**脳卒中**です。これら二つの病気による死者は，合わせて**約1520万人**にもなります。

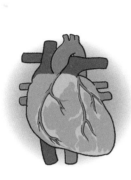

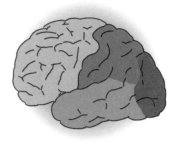

そうかぁ，心臓や脳の病気でたくさんの人が亡くなっているんですね。

ええ。そして，この死因のトップ10は，国の**経済状況**によっても大きくことなるんですよ。

国の経済状況のちがいで!?

はい。国民一人あたりの所得が低い国，いわゆる「低所得国」では，亡くなる人の半数以上が，**感染症や妊娠・出産時の医療の不足，栄養不足**などによるものです。一方で，所得が高い「高所得国」では，こうした原因による死者数は7％未満でした。

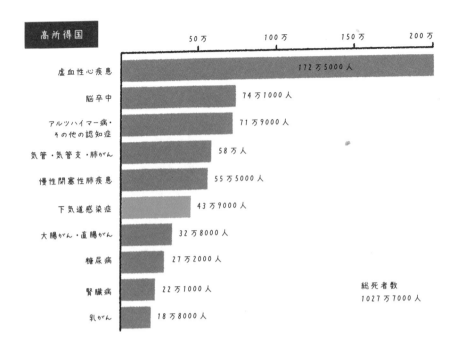

高所得国

| | |
|---|---|
| 虚血性心疾患 | 172万5000人 |
| 脳卒中 | 74万1000人 |
| アルツハイマー病・その他の認知症 | 71万9000人 |
| 気管・気管支・肺がん | 58万人 |
| 慢性閉塞性肺疾患 | 55万5000人 |
| 下気道感染症 | 43万9000人 |
| 大腸がん・直腸がん | 32万8000人 |
| 糖尿病 | 27万2000人 |
| 腎臓病 | 22万1000人 |
| 乳がん | 18万8000人 |

総死者数
1027万7000人

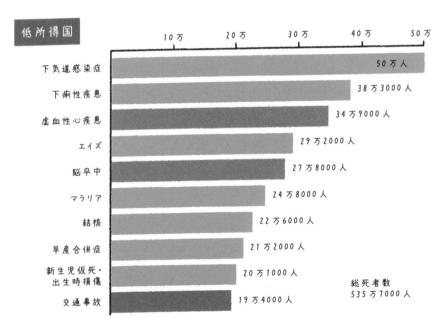

低所得国

| | |
|---|---|
| 下気道感染症 | 50万人 |
| 下痢性疾患 | 38万3000人 |
| 虚血性心疾患 | 34万9000人 |
| エイズ | 29万2000人 |
| 脳卒中 | 27万8000人 |
| マラリア | 24万8000人 |
| 結核 | 22万6000人 |
| 早産合併症 | 21万2000人 |
| 新生児仮死・出生時損傷 | 20万1000人 |
| 交通事故 | 19万4000人 |

総死者数
535万7000人

たしかに,「低所得国」と「高所得国」では,死因トップ10が大きくちがいますね。

はい。
さらに注目すべき点は,高所得国では近年,アルツハイマー病が死因として急速に増えていることです。

## 死因がアルツハイマー病?

アルツハイマー病って,たしか認知症を引きおこす病気ですよね。記憶力や判断力がなくなっていくなんて,本当にこわい病気だなぁと思っていましたけど……。

ええ。しかし,アルツハイマー病のこわさはそれだけではありません。
脳の機能が衰えるので,記憶力だけではなく,食べ物を飲み込む機能や,肺や心臓の機能を低下させ,最終的には死をもたらしてしまうのです。

アルツハイマー病って,死に直結する病気だったんですか!?

はい,そうなんです。
このように,死因を調べておくことは,国や社会にどんな問題があるのかをあぶりだすことにつながります。
そして,その問題を解決していくことで,人々の死をより遠ざけることができるようになるでしょう。

なるほど。死因を知ることは大切なことなんですね。

## 生死を分ける境界線はどこにある？

 ところで先生，生死を分ける**境界線**みたいなものってあるんでしょうか？

 というと？

 この前，雪山で遭難した人たちをえがいた映画を観たんですけど，10人くらいのパーティーのうち，一部の人が死んでしまったんです。
**生きるか死ぬかの境**ってどこにあるんでしょうか？
どういった基準で，死が訪れるんでしょうか？

 「命を保てる限界はどこにあるのか？」ということですね。雪山の話が出たので，まずは**体温の限界**について説明しましょう。
健康なときの体温は36〜37℃前後です。しかし，冬山で遭難するなどして体温が下がり，35℃を下まわると，**低体温症**とよばれる状態になります。

 35℃を下まわる……。かなり低いですね。

低体温症になると，はげしいふるえなどの異常が生じてきます。

そして**体温が30℃を下まわると，意識を失って死の危険が高まり，20℃を下まわると，多くの場合死に至ります。**

体温が30℃以下！　そうなるときわめて危険，ということか。反対に**高熱**ではどうなんでしょうか？

小さいころインフルエンザで40℃をこえる熱が出て，両親がとても心配していた記憶があります。

ひどい感染症の際には高熱が出ることがありますね。

それから重症化した熱中症でも，体温が41～43℃にもなることがあります。

**一般に体温が42℃をこえると命に危険がおよびます。**

42℃！　見たことない数字です。

さらに**体温が44℃をこえると，細胞の機能が破壊され，いろいろな臓器が障害をおこし，死に至ります。**

細胞が破壊されてはたらかなくなるなんて，考えただけでもこわいですね。

体温の限界を図にあらわすと次のようになります。

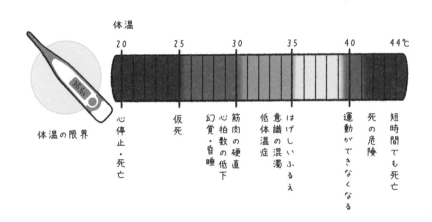

体温

20　　　25　　　30　　　35　　　40　　44℃

体温の限界

心停止・死亡

仮死

幻覚・昏睡
心拍数の低下
筋肉の硬直
低体温症
意識の混濁

はげしいふるえ

運動ができなくなる

死の危険

短時間でも死亡

 次は，脱水の限界についても紹介しましょう。
ここで問題です。私たちの体は，体重の何％ほどが水分
でしょうか？

 うーん，10％くらい？

 ぶー，大ハズレ！　年齢などにもよりますが，**私たちの
体重の約60％は水分です。**

 # 半分以上が水!?
意外と多いんですね。

 ふふふ。

体の中の約60％の水分のうち，**2％**が失われると，強い
のどのかわきを感じるようになり，**4％**以上なくなると，
頭痛やふるえなどさまざまな体調不良が引きおこされ
ます。

たった4％で……。

そして**水分が10％以上失われると命の危険が生じ，20％
以上で死に至ります。**
次のイラストは，脱水の限界を示したものです。

体内の水分量

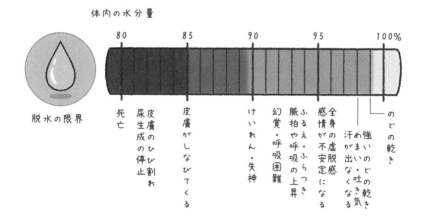

脱水の限界

| 80 | 85 | 90 | 95 | 100% |

死亡
皮膚のひび割れ
尿生成の停止

皮膚がしなびてくる

けいれん・失神

幻覚・呼吸困難
脈拍や呼吸の上昇
ふるえ・ふらつき

感情が不安定になる
全身の虚脱感

汗が出なくなる
強いのどの乾き
めまい・吐き気

のどの乾き

意外に私たちの体って，微妙なバランスで成り立ってい
るんですねぇ……。
それから，死というと，血液をたくさん失って死ぬ場合
もありますよね？

そうですね。**失血の限界**もあります。

一般に体重の7～8％が血液だといわれています。これが大量に失われると，命の危険が生じます。

すべての血液量の20％以上が短時間で失われると血圧が下がり，皮膚が青白くなる，冷汗が出る，脈が弱まり速くなる，ぐったりする，呼吸不全におちいるといった**出血性ショック**とよばれる症状があらわれます。

そして**失われた血液の量（失血量）が40％をこえると，死ぬ危険があるとされています。**

体内の血液量

失血の限界

60　70　80　90　100%

死亡
血圧の低下・錯乱
死の危険
頻脈・不安感
出血性ショック（短時間で失われたとき）

半分近く血液を失うと，死の危険があるんですね。

最後に**低酸素の限界**もお話ししておきましょう。

空気中の酸素の濃度はふつう**21％**ですが，酸素濃度がこれよりも低くなると，死につながります。

**酸素濃度18％までが体にとって安全な範囲とされています。16％を下まわると頭痛や吐き気といった症状があらわれ，8％を下まわると数分で死んでしまいます。**

空気中の酸素濃度

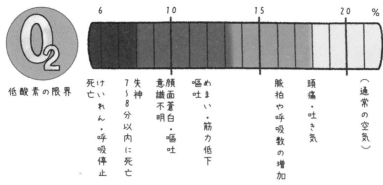

| | | |
|---|---|---|
| 6 | 10 | 15 | 20 | % |

O₂

低酸素の限界

死亡

けいれん・呼吸停止

7〜8分以内に死亡

失神

意識不明

顔面蒼白・嘔吐

嘔吐

めまい・筋力低下

脈拍や呼吸数の増加

頭痛・吐き気

（通常の空気）

高体温，低体温，脱水，失血，低酸素……。
私たちの体って，ちょっとの範囲から外れるだけで，死
の境界線をまたいでしまうんですね。

## 人の「死」を決定づける，三つの特徴

死の境界線についてはわかりました。では，境界線をまたいでしまった，つまり完全に「死んでしまった」ことは，どうやってわかるんでしょうか？
たとえば，死んでしまったと思った人が息を吹き返すことってないんでしょうか。本当は生きているのに，誤って死んだと判定されたら，たまったもんじゃないですよ。

その通りですね。
実際に18世紀のヨーロッパでは，そうした恐怖が広まって，社会問題になっていたようです。

目覚めたら棺の中，みたいな……。こわすぎる！
どうすれば，もう息を吹き返すことがない状態だと断定できるんでしょうか？

18世紀のヨーロッパでは，心臓と呼吸の停止を死の判定基準としていました。しかし当時は医療技術が十分ではなく，心電図や聴診器などもなかったので，それらの判定が不確実だったようです。

なるほど。

その後，19世紀に入って聴診器が発明されるなど，心臓と呼吸の停止を確認する方法が改善していきました。そうして，心臓と呼吸の停止を死の判定基準とすることは，20世紀初めまでつづきました。

今は？

 現在，医師が死亡判定をするときには**心拍の停止，呼吸の停止**に加え，**瞳孔反応の消失**という三点がそろっていることを確認します。
この三点を**死の三徴候**といいます。

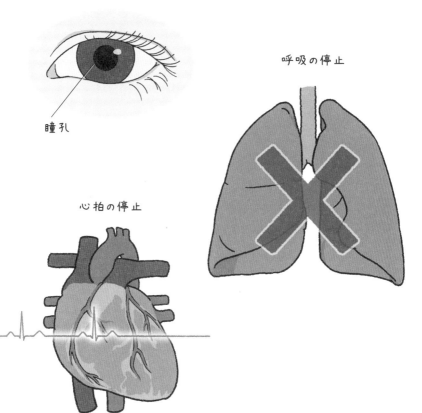

瞳孔反応の消失

瞳孔

呼吸の停止

心拍の停止

「瞳孔反応の消失」って何ですか？

人の黒目の中央部の丸い部分を**瞳孔**といいます。
普段は，光の強さに応じて瞳孔は大きくなったり小さく
なったりするのですが，死ぬと瞳孔の大きさが変わらな
くなるんです。これが瞳孔反応の消失です。

正常　　光を当てると瞳孔が収縮する。

反応がない　　光を当てても瞳孔が開いたまま。

ドラマとかで，刑事が遺体の目にペンライトで光をあて
たりするシーンがありますが，あれは瞳孔反応を見てい
るわけですね。

その通りです。
ともかく，**これらの死の三徴候が一定時間つづくことが
確認されたとき，医師が死と判定します。**

これで，まちがってお墓に入れられることもなくなると
いうことですね。

ただし，死の三徴候は「その後に目を覚ますことがない」という経験からみちびきだされたもので，実は確固たる科学的な死の定義というわけではないのです。

だから日本の法律では，**生き返る可能性がまったくないことを確認する意味で，死の判定後，24時間以内に埋葬や火葬をしてはいけないと定められています。** なお，感染症予防法で定められているケースは除きます。

そんなルールがあったんですね。

それから，死ぬと，体にさまざまな変化が生じてきます。たとえば体温が下がって冷たくなったり，血液がたまって皮膚に変色がおきたり（死斑），体が硬直したり（死後硬直）といった変化です。

死後におきるこうした変化は**死体現象**とよばれ，死が確実であることを示しています。これを専門的には**確徴**とよんでいます。

---

ポイント！

「死」を決定づける特徴
　・心拍の停止　・呼吸の停止　・瞳孔反応の消失
　　↓
死体現象（確徴）
　・体温が下がって冷たくなる
　・死斑　・死後硬直　など

## 「脳幹」こそが生命維持の要

 心臓の停止や呼吸の停止が死の判定に使われるのはよくわかるんですけど，なぜ**瞳孔反応の消失**が死の三徴候の一つなんでしょうか？
瞳孔反応の消失って，そんなに重要なんですか？

 ええ，重要なんです。
先ほどもお話ししましたが，瞳孔は，周囲が明るいときには小さくなり，暗いときには大きくなります。これは目の中に入る光の量を調節するため，無意識におきる反応です。これが**瞳孔反応**です。

無意識に光の量を調整してくれるんですね。

 ええ。そして，この瞳孔反応をつかさどっているのが，脳の下部にある**脳幹**とよばれる部分です。
下のイラストを見てください。

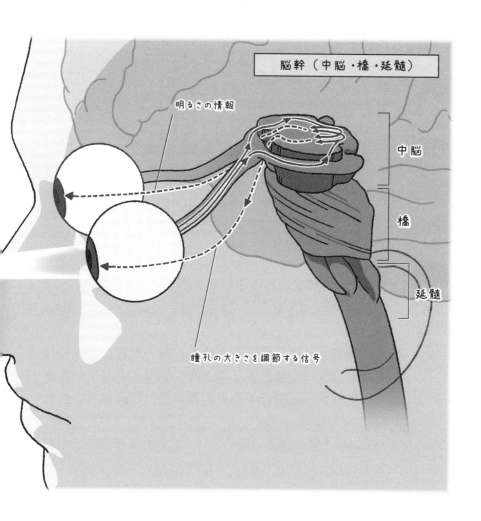

脳幹（中脳・橋・延髄）

明るさの情報

中脳

橋

延髄

瞳孔の大きさを調節する信号

脳の付け根の方ですね。

 ええ。目に入る光の量の情報は，まず目から**視神経**を通って脳幹へ送られます。

脳幹はその情報をもとに，瞳孔の大きさを調節する筋肉へ**信号**を送ります。こうして瞳孔が適切な大きさになるように**調整**しているんです。

つまり医師がペンライトで目に光をあてて瞳孔反応を見るのは，脳幹の機能を確認しているわけなんです！

 なるほど，瞳孔だけを見ていたわけじゃないのか。

 さらに脳幹は，瞳孔反応だけでなく，生きていくうえで必要な呼吸や心臓の活動の維持など，無意識に行われるさまざまな機能を支配しています。

きわめて重要な器官なので，脳幹は**命の座**ともよばれます。

 とてつもなく大切なところなんですね，脳幹って。

 はい。

**脳幹の機能が失われると，呼吸も心臓の活動も行なわれなくなり，生命を維持することができなくなります。そして，脳幹が機能停止すると，基本的に回復は見こめません。**

だからこそ「瞳孔反応の消失」は，死の判定基準の一つとして使われているのです。

## 似ているけど全然ちがう，植物状態と死

死の判定についてはよくわかりました。
あの……植物状態ってありますよね。植物状態は，死とはちがうものなんでしょうか？

植物状態は，死とは全然ちがいます。
**植物状態は，大脳が機能を失い，3か月以上意識のない状態です。しかし脳幹は機能を残しており，大抵，自発的な呼吸が見られます。さらに，状態が改善することもあります。**

なるほど。脳幹に機能が残っているんですね。
植物状態って，どういうときになってしまうんでしょうか？

たとえば，心臓が停止した場合，一命をとりとめたとしても，脳に後遺症が残ることがあります。
**大脳の表面である「大脳皮質」と，それと連携している「視床」という部位が酸素不足によって機能を失うと，意識が保てなくなって昏睡状態におちいります。そうして「植物状態」になる場合があるんです。**

でも，脳幹の機能は失われていないと。

はい。**植物状態では，低酸素に強い脳幹が少なからず機能しており，呼吸など，生命を維持するのに不可欠な機能を保っています。**

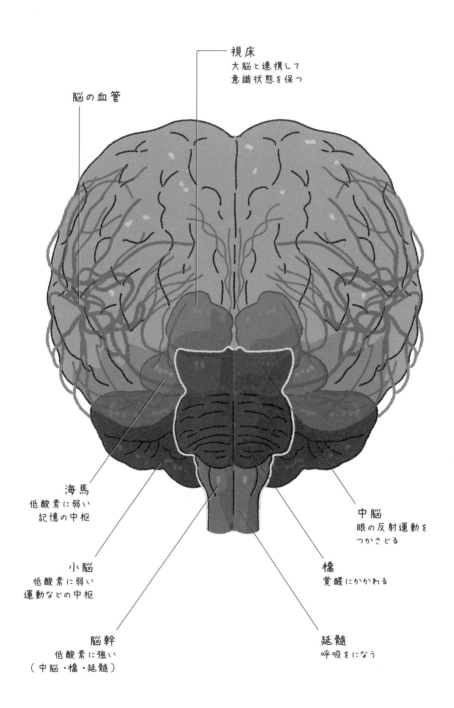

視床
大脳と連携して
意識状態を保つ

脳の血管

海馬
低酸素に弱い
記憶の中枢

小脳
低酸素に弱い
運動などの中枢

脳幹
低酸素に強い
（中脳・橋・延髄）

中脳
眼の反射運動を
つかさどる

橋
覚醒にかかわる

延髄
呼吸をになう

34

植物状態の診断基準はあるのですか？

 植物状態の診断基準は，目を開いていても意思疎通が行えないこと，排泄をコントロールできないことなどです。ただし，自発的に呼吸でき，目を開けている場合もあるので，三徴候がなく，死から遠い状態だといえます。

 そうか，死とはまったくちがう状態なわけですね。

 ええ。それから植物状態の患者は，起きたり眠ったりしており，脳自体は活発に活動しています。

> **ポイント！**
>
> ## 植物状態
> 大脳の機能が失われているが，脳幹は生きており，自発的な呼吸などもできる。
> →（脳自体は活動している）

 脳は活動している……。
それでは，なぜ正常な意識が戻らないんでしょうか？

 脳がバラバラに活動していて，そのために，ちゃんとした意識を生みだせないのではないかと考えられています。次のページのイラストは，健常者と植物状態の患者の覚醒時の脳波です。

1. 健常者の覚醒時の脳波

前頭部
（左脳）
前頭部
（右脳）
後頭部
（左脳）
後頭部
（右脳）

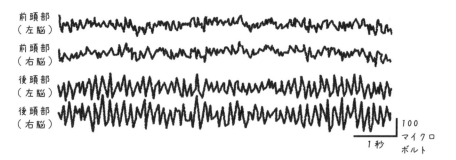

100
マイクロ
ボルト

1秒

2. 植物状態の患者の覚醒時の脳波

前頭部
（左脳）
前頭部
（右脳）
後頭部
（左脳）
後頭部
（右脳）

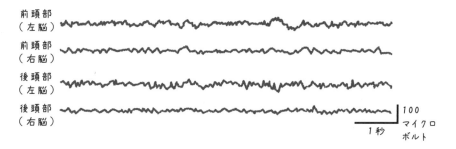

100
マイクロ
ボルト

1秒

 振り幅は小さいですけど，植物状態の患者の覚醒時の脳波も細かく変化しているんですね。

 はい，そうなんです。つまり脳が活動をしているわけですね。

 なるほど。
植物状態から回復することもあるんですか？

6か月間は回復の可能性があると考えられています。
それ以降の回復はまれですが，8〜10年という長期間を
経て回復したケースも，世界的にはときどき見られます。

## 意識はあるのに体が動かない「閉じ込め症候群」

植物状態と似た状態をもう一つ紹介しておきましょう。
それが閉じ込め症候群です。
**閉じ込め症候群は，通常の方法では人とほとんどコミュ
ニケーションをとることができない状態でありながら，
意識ははっきりしていると考えられる状態です。**
たとえば仮に，全身が麻痺して声も出せず，意思を伝え
ることができなくなったとしましょう。まわりの人から
すると，一見，植物状態と見分けがつきません。
でも本人は，周囲のようすが目や耳でわかり，思考も通
常通りです。この状態が閉じ込め症候群です。

体も動かず，声も出ない，でも意識は普通……。
どういうときに，閉じ込め症候群になるんですか？

閉じ込め症候群は，脳への血管が詰まり，脳幹の橋と呼
ばれる部分が低酸素状態によって痛められた場合に生じ
ます。
橋の中ほどが傷ついているので，首から下の運動をつか
さどる神経の伝達が断たれて麻痺しており，また首から
上の運動の一部も同じく麻痺しています。

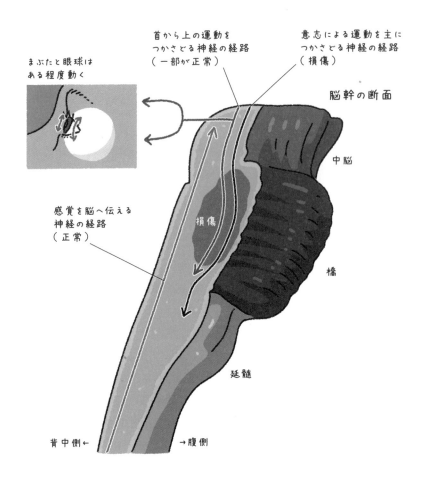

首から上の運動を
つかさどる神経の経路
（一部が正常）

意志による運動を主に
つかさどる神経の経路
（損傷）

脳幹の断面

まぶたと眼球は
ある程度動く

中脳

感覚を脳へ伝える
神経の経路
（正常）

損傷

橋

延髄

背中側←　　　→腹側

なるほど，脳からの指令が通る経路が損傷してしまうんですね。

そうです。ただし，まばたきをしたり，目を上下方向に動かしたりすることはある程度できるので，意識があることに周囲が気づいてくれさえすれば，「はい」や「いいえ」のようなかんたんな二択の質問などで意思を伝えることはできます。

それから，難病といわれているＡＬＳ（筋委縮性側索硬化症）も，運動神経が徐々に死滅する結果，閉じ込め状態となります。

はっきりと意識があって，自分や外の世界を認識できているということは，閉じ込め症候群の患者は健常な人の意識状態とほぼ同じだといえそうですね。

そうですね。一見，植物状態などとも見分けがつきませんが，死からは遠い状態だといえるでしょう。

### ポイント！

閉じ込め症候群
脳からの指令が，首から下の筋肉に届かない状態。意識はある。
→（脳自体は活動している）

## 体は生きているのに，決して意識が戻らない「脳死」

ここまで植物状態や閉じ込め症候群について見てきました。
これらの状態は，一見すると，生死の曖昧な状態に感じられるかもしれません。しかし，死の三徴候は見られず，死とは**まったくことなるもの**だといえます。

死の三徴候……。死の判定はこれが基準なんでしたね。

そうです。
しかし現代では,「もう一つの死」について考える必要が出てきました。

もう一つの死?

そうです。それは**脳死**です。
交通事故や転倒などで頭部に強い衝撃を受けたり,くも膜下出血などで脳が急激に機能を失ったりすることで生じます。

聞いたことあります。体はあたかも生きているようなのに,決して目覚めることはない状態だと。

ええ,その通りです。
**脳死とは,自発的な呼吸や意識がなく,脳の機能が失われて回復の見こみがない状態のことをいいます。**
しかし,自発的な呼吸が止まっても,人工呼吸器をつければ,心臓が動いている間は血液と酸素の循環を保てます。また,食事をとれなくても,点滴で水分や栄養を補給することも可能でしょう。
つまり,**たとえ脳が機能を失っていても体は生きた状態を維持できるのです。**

一見すると,植物状態や閉じ込め症候群と似ているわけですね。

ええ。でも脳死は回復する見こみはありません。

体が生きていて，心臓が止まっていないのなら，死の三徴候では，死の判定はできませんよね？
脳死かどうかはどうやって判定するんでしょうか？

**脳死の判定基準**は，国によって少しのちがいはありますが，**脳幹**の機能が停止していることが重要視されます。脳幹の機能停止を確認するためには，瞳孔反応の消失だけでなく，痛みに反応しない，のどの奥を刺激しても嘔吐しないなど，さまざまな検査が行われます（次のページのイラスト）。

さらに，同じ確認作業を最低6時間以上，6歳未満の子供なら24時間以上，間をあけてからふたたび行い，同じような結果となったときにはじめて「脳死」と判定されるのです。

体は生きている状態と変わらないのに，脳死と判定されたら，ご家族はさぞつらいでしょうね。

ええ。
医療の進歩によって，多くの命を救えるようになりました。しかしそれとともに，生と死の曖昧さが浮き彫りになったといえるでしょうね。

## 脳死を判定する7つの方法

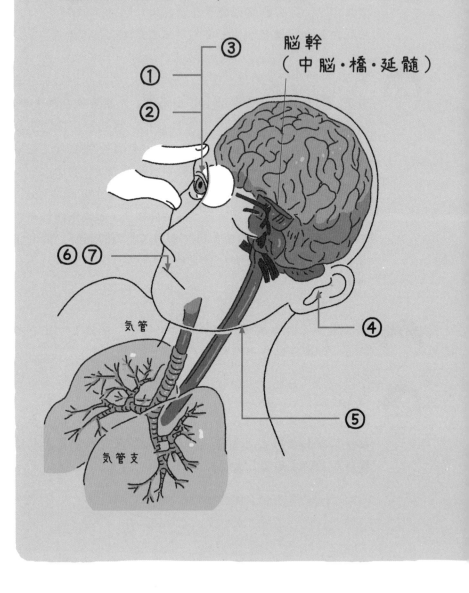

脳幹
（中脳・橋・延髄）

① ② ③ ④ ⑤ ⑥ ⑦

気管

気管支

## ①瞳孔が動かない

ペンライトなどの光をあてたり，そらしたりしても，瞳孔の大きさが変わる「対光反射」がまったく見られない。

## ②まぶたを反射的に閉じない

綿棒などで目の角膜を刺激しても，まぶたを閉じる「角膜反射」がまったく見られない。

## ③痛みに反応しない

眼球が入っているくぼみと眼球の間を圧迫するなど，痛いはずの刺激を手や指，針で顔にあたえても，瞳孔が開く「毛様脊髄反射」がまったく見られない。

## ④耳の中まで水が入っても反応しない

氷水を耳の中（外耳道）へ注入しても，眼球が動く「前庭反射」がまったく見られない。

## ⑤目が動かない

頭を支え，左右に振っても，振られたのとは逆方向に眼球が動く「眼球頭反射」が見られない。

## ⑥⑦咳や嘔吐をしない

口から管をさし込んで，のどの奥を刺激しても，嘔吐の際にのどの筋肉をちぢませる「咽頭反射」がおきない。また，肺につながる気管支まで管を届かせても，「咳反射」や胸の動きがまったく見られない。

## 死んだ個体と生きている個体は何がちがう？

 さて，ここからは**ミクロなレベル**で生と死のちがいについて考えてみましょう。

 ミクロなレベル？　細胞とか？

 もっと小さい，物質の最小の単位ともいえる**元素**のレベルで考えてみます。
現在，元素は**118種類**が確認されており，そのうち自然界には90種類の元素があります。残りの28種は人工的に合成された元素で，生命に関して直接関係はないといってよいでしょう。

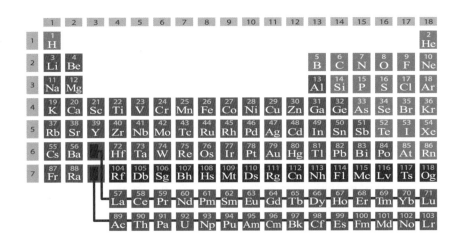

高校時代に元素の周期表を習った記憶があります。なかなか覚えられなかったなぁ。

自然界に存在する90種類の元素のうち，生物の体にはどういう元素が主に使われているでしょうか？

ええっ……，こんなに複雑な体をつくっているんだから，たくさんの種類の元素がうまく組み合わされているんじゃないでしょうか。

**実は人体は，体重の約98％が酸素，炭素，水素，窒素，カルシウム，リンのたった6種類の元素でつくられているんです。**そのほかのごくわずかな部分は，硫黄やカリウム，マグネシウムなどです。

人体を構成する元素

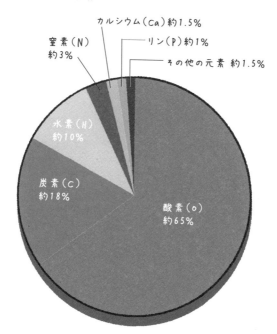

カルシウム（Ca）約1.5%

窒素（N）
約3%

リン（P）約1%

その他の元素 約1.5%

水素（H）
約10%

炭素（C）
約18%

酸素（O）
約65%

体重の98％が，**たった6種類の元素**でできているんですか!?

ええ，そうなんです。
さらに地球上の生物であれば，体を構成する元素の比率は，皆似通っています。
つまり，すべての生物は，生物以外の物体とはことなる，特有の元素組成をもっているんです。

ほぉ～。どの生物も，主にたった6種類の元素でできているんですね。

ええ。
では，ある生物が「生きているとき」と「死んだあと」では，体を構成する元素の組成にちがいはあるでしょうか？

**え!?**
そんな急にいわれても……，やっぱり変わらないんじゃないでしょうか。

その通りです！
生物が死ぬと，たくさんの元素でできたタンパク質は分解されます。
しかしこのとき，元素の組み合わせ方は変わりますが，元素の組成自体は変わりません。
実際，生きているときと死んだあとで重さをはかって比較してみても，ちがいはありません。

ええっと，どういうことでしょうか？

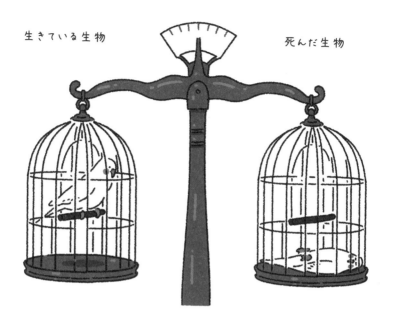

生きている生物　　　　　　　　　　死んだ生物

たとえば，いろいろな種類のブロックで組み立てた模型をバラバラにしても，ブロックのつながり方は変わりますが，ブロックの種類や数は変わらないということです。

なるほど！　あたり前ですね。

生きている生物と死んだ生物では，構成している元素の種類や量にちがいはありません。
つまり，**生物を元素にまで細かく分解していっても，そこに「生」と「死」のちがいを見いだすことはできないのです。**

ふーむ，元素だけを見ても，生きているのか死んでいるのかは，わからないわけか。

 ええ。
**生物を「生きている」状態にしているのは，どんな元素をどれだけ使うかではなく，むしろ元素の「組み合わせ方」や「使い方」にある**，ということができます。

 な〜るほど！

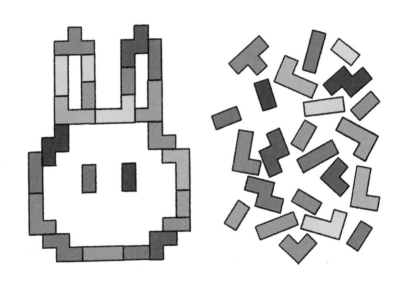

## 死んだ生き物の体は，時間がたつとくずれていく

ミクロなレベルで生と死のちがいがどこにあるのかを，もう少し考えていきましょう。

死んだ直後の生物は，見た目には生きていたときとほとんど変わりません。では，死んだ生物の体と生きている生物の体は何がちがうでしょうか？

うーん……。たしかに死んだ直後は，見た目はあまり変わりませんよね。

死んでいると思ってセミに近づいたら，急にバタバタ飛んでいって，すっごくびっくりした覚えがあります。

そう考えると，生きているか死んでいるかのちがいといえば……，まず**死んだ生き物は動かないですよね。**

それから，**死んだ生き物の体は，時間がたつとだんだんぼろぼろにくずれていくように思います。**

完璧な答です！

生きている生物と死んだ生物の状態は，時間がたつにつれ，大きくちがってきます。

死んでしまった生物は，もはや**外から栄養をとる**ことができません。外から栄養が入ってこないと，体を動かすエネルギーを合成することも，自分の体を新たにつくることもできなくなります。

結果として，死んだ生物はその体の構造をとどめておくことはできず，時間がたつにつれて，それまで維持されていた体の構造がくずれていくわけです。

お，私が気づいた通りですね！

 **この世界では，死んだ生き物だけでなく，形あるものは すべて時間の経過とともにくずれていく傾向にあります。** これを物理学では エントロピー増大の法則 といいます。

 # えんとろぴー？

 エントロピーとは，簡単にいうと **無秩序さの度合い** です。より秩序だった状態ほどエントロピーが低く，より無秩序な状態ほどエントロピーが高いことになります。 たとえば，汚い部屋はエントロピーが高く，きれいな部屋はエントロピーが小さい，みたいなイメージです。

 私の部屋は，エントロピー激高いっす。

 ははは，片付けてください。さて，ここで砂浜につくった砂の城を考えてみてください。

これは**秩序だった構造物**です。つまりエントロピーは低いわけです。

しかし，そのまま放っておけば，この砂の城は徐々にくずれて**無秩序**になります。すなわち，エントロピーが増えるわけですね。

砂の城

時間の経過

時間経過（右側に進む）とともに，
構造がくずれていく（エントロピーが増える）

砂の城は，エントロピー増大の法則に則っているわけです。死んだ生き物も，この砂の城と同じように，物理法則にしたがって時間の経過とともに秩序だった体の構造がくずれていきます。

死んだ生物

時間の経過

時間経過（右側に進む）とともに，
構造がくずれていく（エントロピーが増える）

ふむふむ。でも，ちょっと待ってください。生きている生物は体がくずれていきませんよね？
これはどういうことですか？

 そうなんです。
**生きている生物は，時間がたっても秩序だった体の構造を維持し，活動しつづけることができます。**
物理学の言葉で表現するならば，「時間の経過とともに，死んだ生物はエントロピーが増大していくが，生きている生物はエントロピーが増大しない，もしくは減少するように見える」ということです。

生きている生物

時間の経過

時間が経過しても，構造がくずれることはない（エントロピーが増えない）

生きている生物は，なぜそんなことができるんでしょうか？

それは，**生物が日々，新しい細胞をつくりつづけて，古くなった細胞と入れかえているからです。**

ほぉ！

**生物の体では，分裂によって常に新しい細胞が生まれています。このような細胞の誕生と，細胞の死とのバランスによって，体は維持されているんです。**

細胞がつくられるとき，その材料は外から取り入れた栄養や，不要になった細胞を分解した物質に由来します。それらの材料をもとに，複雑な構造をもった物質をつくりだしています。

つまり，**細胞が増えるたびに，体を構成する物質は新しく入れかわっているんですよ。**

生きている間，生物の体は変わらないように見えますけど，実際には，細胞や物質が常に入れかわっているというわけですね。

そういうことです。そして，このとき，秩序だった構造を新しくつくるということは，エントロピーを減少させることにほかなりません。

なぜ生物は，エントロピーを減少させることが可能なんですか？　物理法則を超越してるってことですかっ!?

それは，外から得た栄養やエネルギーを使っているから
なんです。それらを使って，放っておくと自然に増える
エントロピーを，増えないように維持し，さらに秩序だ
った構造をつくることを実現しているんです。

ふぅむ。
**生きている生物は，外からの栄養やエネルギーを取り入**
**れることで，時間がたっても体の構造を維持しつづける**
**ことができる**というわけですか。

そうです。それが生きた生物と死んだ生物とのちがいと
いうことです。

---

**ポイント！**

## 生きている生物

　外からの栄養やエネルギーを取り入れて，
　体の構造を維持しつづけることができる
　→エントロピーが少ない状態を維持できる。

## 死んだ生物

　外からの栄養やエネルギーを取り入れることができ
　ず，体の構造を維持しつづけることができない。
　→エントロピーが増えつづけ，くずれていく。

時間目

「生」と「死」の境界線

# STEP 2 死にゆく体では 何がおきるのか

人が死ぬと，体や脳，そして細胞はどうなるのでしょうか？　ここでは，死が訪れたときの体の変化を見ていきましょう。死期や老衰，法医学などにも触れていきます。

## 臓器の機能低下が心停止をまねく

ここからは，死が訪れるとき，人の体がどうなっていくのかを見ていきましょう。
まずは，**体の臓器と死**について見ていきます。

臓器ですか……。
死の三徴候のところでもありましたが，やっぱり心臓の活動が停止するっていうのは，死と直結しているような気がしますね。ドラマや小説なんかでも「心臓は急所！」とかいいますし。

たしかに，心臓が機能を停止すると死に直結します。
では，ほかの臓器が機能を停止するとどうなるでしょうか？　たとえば，**肺**は？

肺が機能を停止するとどうなるか……，呼吸ができなくなると思います。

そうですよね。何らかの原因で肺の機能が落ちると，呼吸が停止してしまいます。
すると，血液中の酸素が不足していき，その結果，心臓の筋肉（心筋）に酸素が行きわたらなくなって，心臓を動かしつづけることができなくなってしまいます。
いわゆる，**心肺停止状態**です。

なるほど。結局，心臓の機能停止につながっていくわけですか。

そうなんです。それから，「命の座」ともいえる**脳幹**が機能を失っても，呼吸や心拍を維持することができなくなって，心臓は停止します。

やっぱり心臓が止まるんですね。

また**腎臓**は，尿をつくって体のカリウムイオンという物質を随時排泄することで，血液中のカリウムイオンの濃度を適切に調整する臓器です。
腎臓が機能しなくなると，血液中のカリウムイオン濃度がふえていき，やがて**高カリウム血症**となって，心臓の筋肉のはたらきが悪くなり，心臓の停止につながります。

また心臓停止。

逆に，感染症などではげしい下痢がつづくと，カリウムイオンが失われ，血中のカリウムイオン濃度が下がりすぎることもあります。すると今度は逆に**低カリウム血症**になり，不整脈となって心臓が止まる危険性が高まります。

腎臓が適切にカリウムイオン濃度をコントロールしていないと，心臓が止まってしまうんですね。

次に肝臓は，腸で吸収された栄養素を化学的に処理したり，貯蔵したり，消化液の一つである胆汁の生成や，体内の有害な物質の分解など，さまざまなはたらきをしています。
そのため肝臓の機能がいちじるしく低下すれば，最終的には心臓にも悪影響をあたえることになります。

やっぱり肝臓も心臓に影響！

たとえば，ウイルスや過剰な飲酒などが原因で肝臓が固くなり，機能が低下する肝硬変になると，血管を拡張する一酸化炭素などの物質が血液中から十分に取り除かれず，最終的に心不全を引きおこすことがあります。

心臓以外の臓器の不調が，結局心臓の不調を招くんですね。

その通りです。
そして心臓の機能が低下すれば，全身へ十分に血液が送れなくなり，さらにさまざまな臓器のはたらきに悪影響をあたえます。
こうして臓器の機能が低下すれば，心臓にさらに負担がかかります。このような，いわば負のサイクルによって，さまざまな臓器の異常が，最終的には心臓の停止につながってしまうんです。

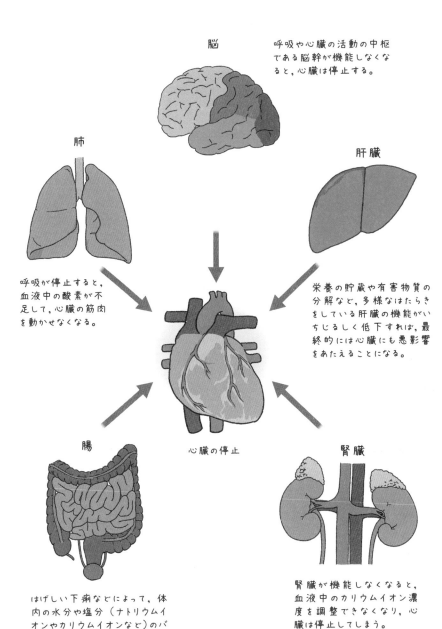

脳

呼吸や心臓の活動の中枢である脳幹が機能しなくなると，心臓は停止する。

肺

呼吸が停止すると，血液中の酸素が不足して，心臓の筋肉を動かせなくなる。

肝臓

栄養の貯蔵や有害物質の分解など，多様なはたらきをしている肝臓の機能がいちじるしく低下すれば，最終的には心臓にも悪影響をあたえることになる。

心臓の停止

腸

はげしい下痢などによって，体内の水分や塩分（ナトリウムイオンやカリウムイオンなど）のバランスがくずれると，心臓の機能を低下させる。

腎臓

腎臓が機能しなくなると，血液中のカリウムイオン濃度を調整できなくなり，心臓は停止してしまう。

## 心臓は，突然停止することがある

心臓とほかの臓器は密接に関係しているのか～。
毎日，体の調子に気をつけないといけないなぁ。

そうですね。
ただ，心臓は突然止まってしまうこともあるので，注意
が必要です。

# ええっ！

はじめのほうでもお話ししましたが，世界の死因の第1
位は**虚血性心疾患**です。
日本でも，心臓病によって亡くなる人の数は年間で20万
人におよび，死因の第2位となっています。なかでも心
臓病によって**突然死**する人の数は，年間7万人をこえる
といわれており，日常的な自覚症状がなくても，突然，
心臓が停止することがあるのです。

どうして心臓が突然止まってしまうんでしょうか？

心臓が突然停止する代表的な原因には**心筋梗塞**があり
ます。

「心筋梗塞」よく耳にします。
心臓がどうなってしまうのですか？

心筋梗塞とは，心臓の外側をとりまくようにのびている **冠動脈**とよばれる血管がつまることでおきる心臓病です。

心臓の筋肉（心筋）が必要とする酸素や栄養は，冠動脈の血液によって供給されています。これがつまると，つまったところから先にある心筋へ酸素や栄養が届かなくなり，数十分で心筋が壊死，つまり死んでしまうのです。

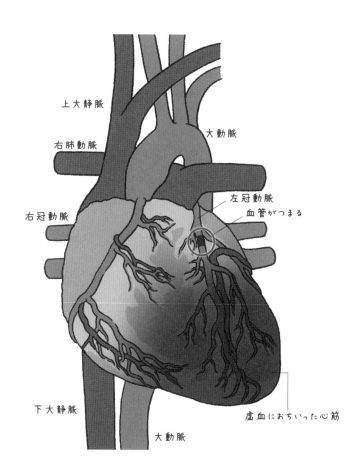

上大静脈

大動脈

右肺動脈

右冠動脈

左冠動脈

血管がつまる

下大静脈

大動脈

虚血におちいった心筋

心筋梗塞になると，どのような症状があるのでしょうか？

 胸が強く痛み，治療が遅れると死につながります。

 なぜ冠動脈がつまってしまうんですか？

 冠動脈がつまる原因の一つは，血管内に血のかたまり（血栓）ができることです。
動脈が硬くなる**動脈硬化**によって血管の壁に**アテローム**とよばれるふくらみができ，それが破裂して血栓ができるんです。アテロームは，肥満や，脂っこいものを食べるなど，生活習慣が大きな影響をあたえています。

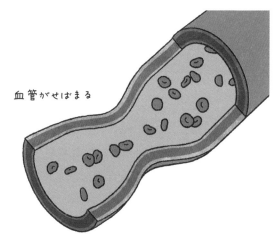

血管がせばまる

### 安静時狭心症

血管が完全にはつまらずに，血流が悪くなることで生じる心臓病を「狭心症」という。安静時狭心症は，血管が一時的にけいれんしてせばまる。自律神経の異常などが原因と考えられ，安静時や就寝中に発作がおきるという特徴がある。治療には，血管の拡張作用があるニトログリセリンが使われることがある。

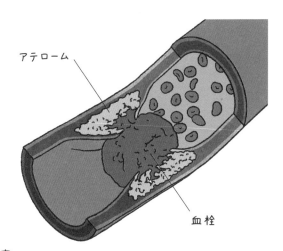

アテローム

血栓

### 心筋梗塞

動脈硬化によってつくられたアテロームが破れ，血の塊（血栓）ができて血管が完全にふさがれてしまうことで発症する。つまった部分より先の血流がとだえるため，心筋が死んでしまう。予防薬としてアスピリンが使われることがある。狭心症や心筋梗塞は，まとめて「虚血性心疾患」とよばれる。

さらに，突然死を招く心臓の病気には，心筋梗塞のほかに心室細動があります。

しんしつさいどう？

心室細動とは，心臓が小きざみにけいれんして正常な拍動が行われなくなり，全身へ血液を送りだせない状態（心停止状態）のことをいいます。
心室細動がおきると数秒で意識を失い，呼吸も停止してしまいます。

なぜ心臓がけいれんするんですか？

右ページのイラストを見てください。心臓は，洞房結節という，右心房の入り口付近にある組織から送られる電気的な信号で，全体の動きがコントロールされています。
しかし，心室細動では，何らかの異常によって，洞房結節以外のさまざまな場所で電気信号が発生してしまい，心筋がばらばらに収縮してしまうんです。
その結果，心臓は血液をうまく送りだせなくなります。

こわいですね。もし心室細動になったら，どうすればいいんだろう？

駅などの公共の場には，電気ショックによってけいれんを取り除くAED（自動体外式除細動器）が置かれています。これを発作が起こってできるだけ早く（約10分以内）に使うことで，正常な拍動を取りもどし，命を救える場合があります。

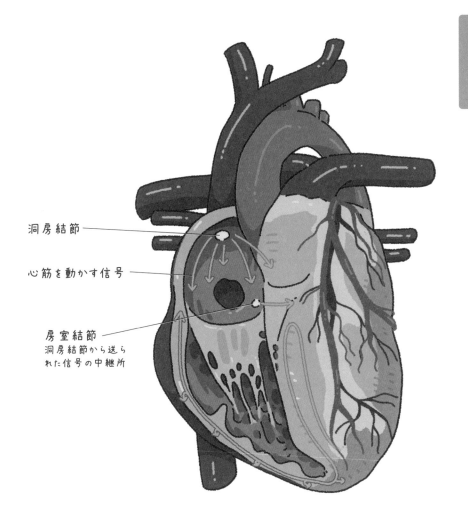

洞房結節

心筋を動かす信号

房室結節
洞房結節から送ら
れた信号の中継所

ああ，よく見かけます。すぐ（10分以内）ですね！　覚
えておきます。

## 心臓が止まると，すぐに脳細胞の死がはじまる

 もしも心停止状態になったら，どういうことがおきるん
でしょうか？

 心臓が止まり，血流がとだえると，真っ先にその影響を
受けるのは，**脳の神経細胞**です。

正常な神経細胞

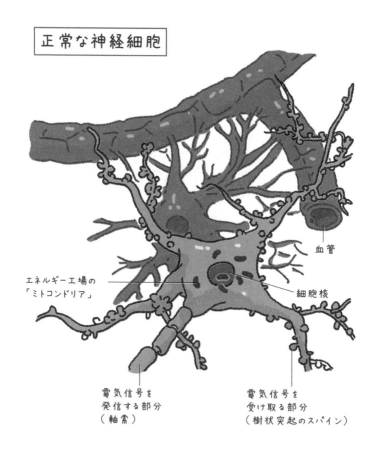

血管

エネルギー工場の
「ミトコンドリア」

細胞核

電気信号を
発信する部分
（軸索）

電気信号を
受け取る部分
（樹状突起のスパイン）

神経細胞って，たしか電気信号をやりとりする細胞ですよね。

そうです。
脳の神経細胞はふだん，血液から大量の酸素と，栄養であるブドウ糖を受け取って，ものすごい速さで消費しています。酸素を使って，ブドウ糖をATPという分子に変えつづけるためです。

えーてぃーぴー？

ATPはエネルギーを蓄えておくための**分子**です。
脳ではこのATPを使って，細胞内外の電気的なバランスを保ち，正常なはたらきを維持しています。

ふむふむ。

ところが，血流が止まって酸素とブドウ糖が供給されなくなると，神経細胞はそれらを急速に消費しつくして，ATPをつくれなくなります。

するとどうなるんですか？

神経細胞の電気的なバランスがくずれて，外から大量のカルシウムイオンが神経細胞の中に流入してきます。
これをきっかけとして，神経細胞を死へと導くメカニズムが発動し，ついには神経細胞自体が死んでしまうのです。

酸素不足になってから神経細胞が死ぬまで，時間はどれくらいですか？

 脳への血流がたった10秒間とだえるだけで，脳機能は低下して意識を失います。

そして神経細胞への酸素とグルコースの供給がとだえてから数分で，神経細胞は死んでしまうといわれています。いったん死んでしまった神経細胞は，再生できないと考えられています。

## 死にゆく神経細胞

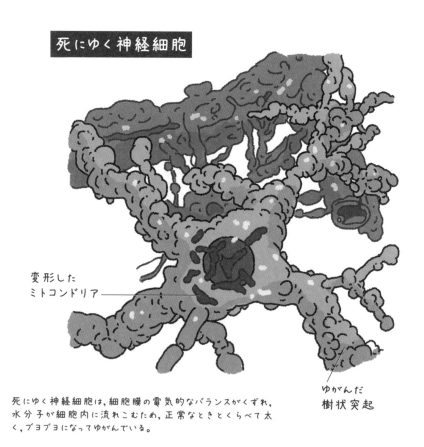

変形した
ミトコンドリア

ゆがんだ
樹状突起

死にゆく神経細胞は，細胞膜の電気的なバランスがくずれ，水分子が細胞内に流れこむため，正常なときとくらべて太く，ブヨブヨになってゆがんでいる。

## 心臓マッサージで脳の死を食い止めよ！

万が一，心肺停止状態の人を見かけたら，どうすればいいんでしょうか？

一般的に，**心肺停止状態になった人を蘇生するには，3分以内に心臓マッサージなどをほどこす必要があるといわれています。**

## 3分以内ですか……。

そうです。これは，脳の神経細胞が死にはじめるまでの時間です。

そうか，脳の神経細胞が死滅してしまうとアウトなんですもんね。

心臓マッサージは，心停止状態でも強制的に心臓に圧力を加えて血流をつくりだす手段です。
**血液を心臓自身に循環させることで，活動を停止した心筋に栄養を届けて，心臓の活動を再開させることができる可能性があります。**
また，血液さえ脳に供給できていれば，少なからず脳にエネルギーが供給されるため，神経細胞の死を食い止めることができます。

心臓が動きださなくても，どうにか脳に血液を送ることができるわけですね。

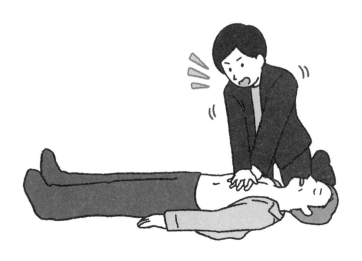

 ただし！
心臓マッサージは非常に重要なのですが，状況の改善に
つながらない場合もあります。
たとえば，先ほど紹介した心室細動の場合，心臓マッサ
ージだけをつづけていても，状況が改善する可能性は低
いのです。

 心室細動って，心臓全体がけいれんするんでしたよね。
そのときはどうすればいいんですか？

 **心室細動を解消するには，AED などを使って電気ショッ
クをあたえる必要があります。**
ばらばらな心筋の動きが高電圧によってリセットされ，
心臓の動きをコントロールする洞房結節が再び動きだし
たタイミングで，心筋の動きが協調し直されます。

じゃあ，心室細動のときは，心臓マッサージは意味がないんですね。

 いいえ，とんでもない！
先ほどもお話ししましたが，心臓マッサージの役割は，外部からの圧力によって，心停止した状態でも脳に血液を循環させるという点で非常に重要です。なので，心臓マッサージは必ずしてください。
ただ，心室細動の場合は，心臓マッサージに加えてAEDなどが必要になるということです。

 最近はいろんなところでAEDを見ますよね。
心停止状態の人がいたら，すぐに心臓マッサージをして，できるだけ早くAEDを使うということですね。

 ただ，心静止（心筋の動きが完全に止まった状態）のときは，むしろ心臓マッサージが重要です。
とにかく，血液を脳や心臓自身に循環させ，神経細胞の死を食い止めたり，活動を停止した心筋に栄養を届けたりすることで，心臓の活動を再開させることができる可能性があります。

71

心停止状態になったときには，その種類によって対処法
が変わるんですね。

 そういうことです。

## 心停止状態

心室細動……心臓が小きざみにけいれんして
　　　　　　正常な拍動が行われていない状態
　　　　　　（対処）→ 心臓マッサージ＋AED

心　静　止……心筋の動きが完全に止まっている
　　　　　　状態
　　　　　　（対処）→ 心臓マッサージ

 そのほか，とくに心臓の異常による脳損傷の治療法とし
て，脳の温度を1〜2℃下げる**低体温療法**も試みられ
ています。
神経細胞の活動は低温でおさえられるため，脳を冷やす
ことで，ATPが枯渇するまでの時間をかせぎ，脳の損傷
の進行を遅らせることができます。

 なるほど。

## 低体温療法

心肺停止状態の人を蘇生する際，脳の温度を
1～2℃下げることにより，脳の損傷の進行をお
さえることができる。

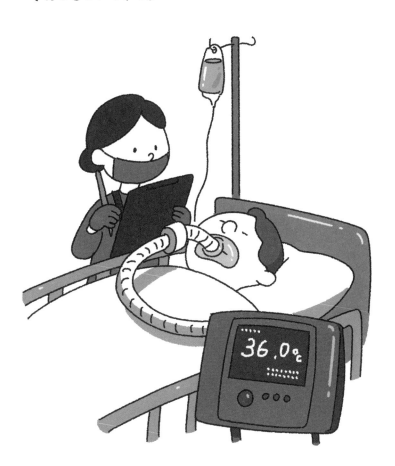

## 死の間際，脳は最後の信号を出す

 次に，心停止状態になったときの**脳**のはたらきについてお話ししましょう。

 脳か〜。何かやっぱり指令を出すんですかね？

 心停止状態になったとき，脳の活動がどのように変化していくのかを調べた研究があるんです。

 心停止状態の脳の活動ですか……。
どんな研究なんですか？

 2013年，アメリカ，ミシガン大学の研究者らは，ラットを使った実験を行いました。
その結果，心停止後のラットの脳に，周波数30〜100ヘルツの**強い脳波**が見られたのです。
この脳波は**ガンマ・オシレーション**とよばれるもので，ふつうなら何かを注視したり，課題に取り組んでいたりする際などに多く見られる脳波です。

 死ぬ間際に，脳が活発になったってことですか？

 さあ，どうでしょう。
論文の著者らは，「心停止から蘇生した人が語ることのある**臨死体験**を科学的に説明するきっかけになりうる」と主張していました。

## 臨死体験

　生死をさまよった際に「臨死体験」を報告する人もいます。2000年代の報告では，心停止から回復した患者のうち5～6人に1人が臨死体験を経験しているとされます。その体験は，個々にちがってもよさそうなものですが，光を見たり，苦しみを感じなかったりと，共通性が見られることもあるようです。このような臨死体験がなぜ生じるのかはわかっていません。

しかし，測定した脳の範囲のごく一部でしか見られなかったことなどを根拠に，反論も報告されています。

 まだまだ研究段階ということですね。

 ええ。また，2018年2月には，家族の同意のもとで，脳死患者9名の生命維持装置をはずしたあとの脳内の活動が記録され，医学誌に報告されました。

 どんな活動が記録されたんでしょうか？

 血液の循環が停止すると，脳内の酸素濃度が下がっていき，脳波も平たくなっていきます。
そして最終的に，神経細胞には**終末拡延性脱分極**とよばれる現象が観測されました。

終末拡延性脱分極

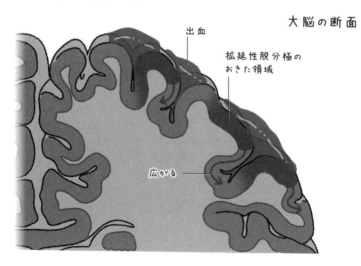

大脳の断面

出血

拡延性脱分極の
おきた領域

広がる

しゅうまつかくえんせいだつぶんきょく？

大脳の表面で出血がおきた場合など，出血した部位の近くの神経細胞で発生するものです。
神経細胞への酸素供給が断たれて細胞内のエネルギー源（ATP）がなくなり，細胞内外のイオンのバランスがくずれて回復不能になった，破綻状態のことです。（左ページのイラスト）。
終末拡延性脱分極の信号は，脳の神経細胞の中と外の電気的なバランスがくずれて，次々と壊れていっていることを示しています（下のイラスト）。

生命維持装置をはずしたあとの脳内の活動

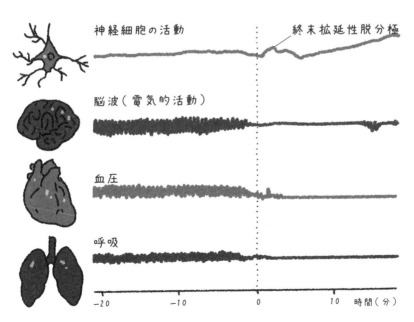

終末拡延性脱分極の専門家であるドイツ，シャリテ大学病院神経科教授の**イェンス・ドレイアー博士**はこの論文の中で，「**終末拡延性脱分極は，死につながる最終的な変化の開始である可能性がある**」とのべています。
つまり，命の「本当の終わり」のシグナルなのかもしれないわけです。

## 本当の終わりのシグナルですか……。
この信号が見られるかどうかが，生死を分ける最後の一線ということでしょうか？

それは定かではありません。
ここから先は死だ，と境界線を引くのはまだむずかしいのかもしれませんね。

## 死後数時間で，全身の筋肉は固くなる

さて，ここからは死後の体の変化について見ていきましょう。

死後，ですか。
よく刑事ドラマなんかで，被害者の死後硬直から死亡推定時間を割りだすシーンがありますよね。
死後硬直も，死後の体の変化といえるんでしょうか？

死亡推定時刻は……

そうですね。死後に人の体でおこるいろいろな変化のことを死体現象といいます。

死後硬直は，そうした死体現象のひとつです。

 死後硬直って，どういうことなんでしょうか？

 **死後硬直とは，死体の全身の筋肉が固まって，別の人が関節を動かそうとしても動かせなくなるような状態のことです。**

 筋肉が固まる？

 ええ。死後硬直は，頭から足の方へ向かってだんだんとおきていきます。
まず死後2～3時間で，あごや首に硬直がおき，やがて肩，腕，足，手の指，足の指の順に硬直が進んでいきます。
そして6～8時間ほどで全身の関節が硬直し，12～15時間で硬直が最高に達します。

 死後硬直は時間とともに進んでいくから，死後硬直の具合を見れば，死亡時刻が推定できるというわけなんですね。

 そうですね。
硬直は死後24～36時間ほどつづきます。しかし，その後は，硬直があらわれた順に硬直が解けていきます。
この，筋肉がやわらかくなる過程を**緩解**といいます。

 今度はやわらかくなる!?

## ポイント！

### 死後硬直

死後 2 〜 3 時間
　あご・首の硬直
　　　⋮
　肩，腕，足，手の指，足の指の硬直
　　　↓
死後 6 〜 8 時間
　全身の関節の硬直
　　　↓
12 〜 15 時間
　完全に硬直（硬直は約 24 時間つづく）
　　　↓
死後およそ 2 日〜
　緩解

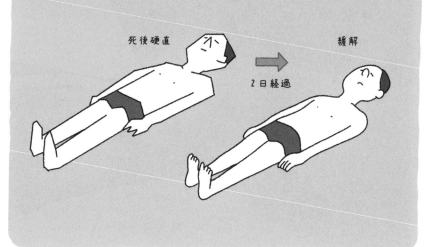

死後硬直　　　　　　　　　　　　緩解

2 日経過

はい。
なお，死後硬直の時間や度合いは，そのときの気温やその人の筋肉の量によってちがいがあります。

 筋肉が固くなったり，やわらかくなったり……。
なぜこんな変化が死後におきるんでしょうか？

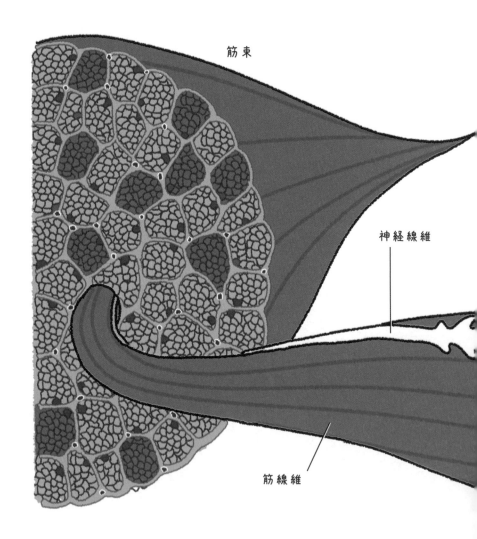

筋束

神経線維

筋線維

では，筋肉の構造から説明しましょう。

イラストを見てください。

筋肉は，**筋線維**という細長い線維が束（筋束）になり，それが寄り集まってできています。そして，筋線維の一本一本が，細胞一つ一つに相当します。

## 筋線維１本が細胞１個？

普通，細胞って線維状じゃないような気がするんですけど。

筋線維が，普通の細胞と形態が大きくことなるのは，筋線維が複数の細胞が一つに融合してできた細胞だからです。そのため，1本の筋線維の中には，たくさんの細胞核が存在しています。

ちなみに，太ももにある，腰からひざまで伸びる縫工筋という筋肉の筋線維は，長さが50センチメートルほどもありますが，これも一つの細胞なんですよ。

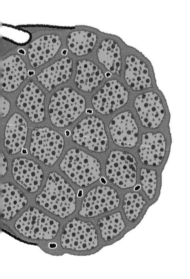

へぇー，筋肉って細胞が融合してできていたんだ。

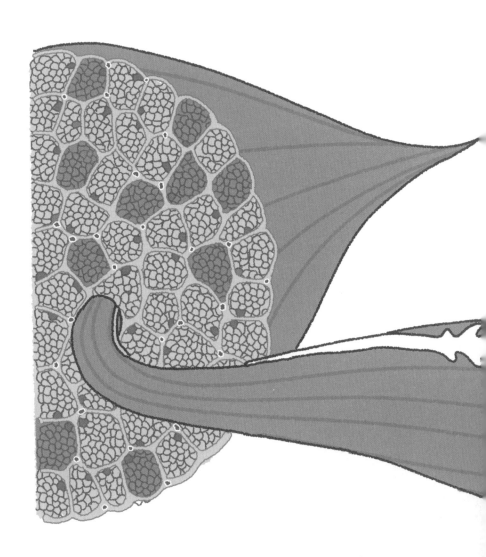

さて，この筋線維の内部には，**アクチン線維**と**ミオシン線維**という2種類の線維が交互に並んで束となっています。これを**筋原線維**といいます。

 線維の中にまた線維！

 はい。そして，アクチン線維とミオシン線維が，筋肉を伸縮させて力を発生させているんです。

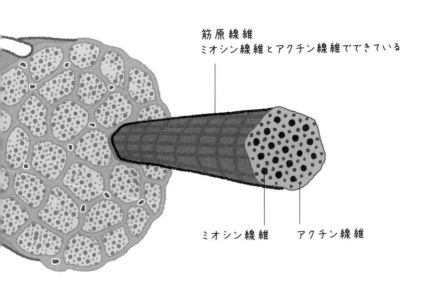

筋原線維
ミオシン線維とアクチン線維でできている

ミオシン線維　　アクチン線維

脳から指令がくると，太いミオシン線維が，細いアクチン線維をたぐり寄せるんです。これによって，筋肉が収縮するわけです。

筋原線維を横から見た断面

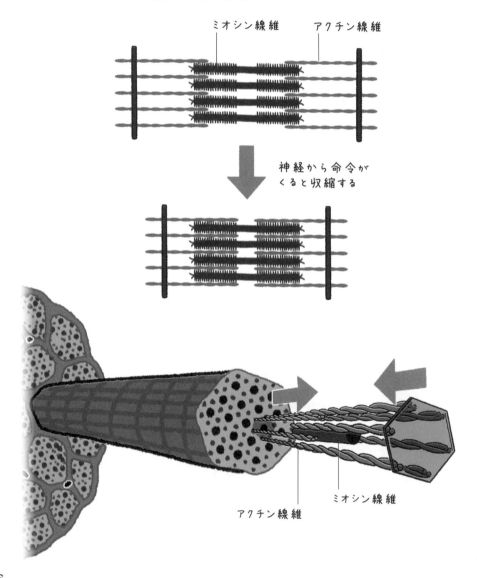

ミオシン線維　　アクチン線維

神経から命令が
くると収縮する

アクチン線維　　ミオシン線維

筋肉は2本の線維がスライドすることで，収縮するんですね。

 ええ。筋肉が収縮するしくみをさらにくわしく見てみましょう。筋原線維のまわりは**筋小胞体**という袋が取り囲んでいます。そして，この筋小胞体の中には，**カルシウムイオン**という物質がたくさん入っています。

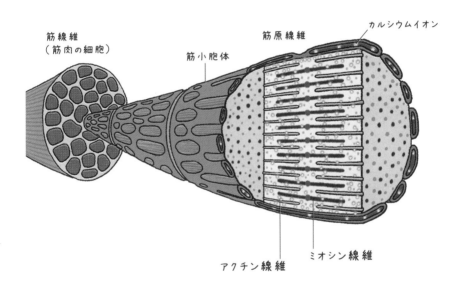

筋線維
（筋肉の細胞）

筋小胞体

筋原線維

カルシウムイオン

アクチン線維

ミオシン線維

 次のページのイラストを見てください。生きているとき，筋肉を収縮させようとすると，筋原線維を取り囲む筋小胞体からカルシウムイオンが放出されます。そしてカルシウムイオンのはたらきと，細胞のエネルギー源であるATPを消費することで，ミオシン線維から出ている"**腕**"がアクチン線維と結合し，それによってミオシン線維がアクチン線維をたぐりよせ，筋肉全体が収縮します。

# 筋肉がのびているとき

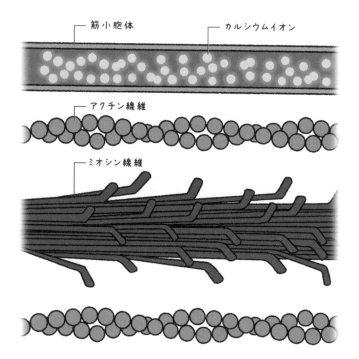

筋小胞体にカルシウムイオンが収納されていて，
アクチン線維とミオシン線維がはなれている。

## 筋肉がちぢんでいるとき

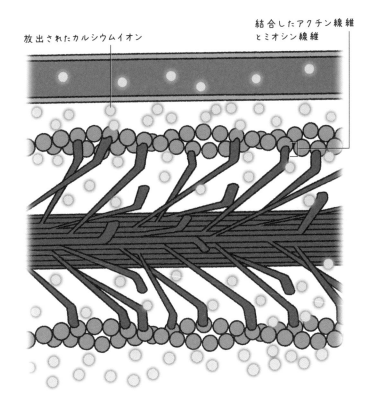

放出されたカルシウムイオン

結合したアクチン線維
とミオシン線維

筋小胞体からカルシウムイオンが放出され，
アクチン線維とミオシン線維がくっつく。

へーっ，ミオシン線維はアクチン線維を"腕"でたぐり寄せるんですね。

ええ，その通りです。
一方，筋肉をゆるめるときには，ATPを消費してアクチン線維とミオシン線維の**結合**が解かれます。そして出てきたカルシウムイオンが筋小胞体にもどされます。こうして筋肉がゆるむのです。

**すごいなぁ。**筋肉のしくみについてはよくわかりました。
それで，肝心の**死後硬直**はなぜおきるんでしょうか？

はい，ここから本題です。
死後，血流がとだえて酸素と栄養が供給されなくなると，ATPが枯渇します。さらに筋小胞体が壊れて，筋原線維内のカルシウムイオンが回収できなくなります。
すると，**アクチン線維とミオシン線維の結合が解かれず，収縮したままとなるんです。**
つまり，つねに力を入れた状態と同じようになってしまうんですね。これが筋肉が硬直するしくみです。

ミオシン線維がアクチン線維を手放さなくなるわけか。

ええ，そうです。ちなみに死ぬ直前にはげしい運動をしていた場合，ATPがすぐに消費されてしまうため，死後すぐに体の硬直がはじまることもあります。

なるほど！

## 死後硬直がおきているとき

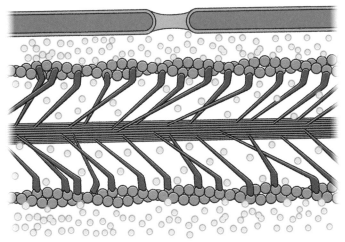

放出されたままの
カルシウムイオン

結合したままの
アクチン線維と
ミオシン線維

筋小胞体は，カルシウムイオンを放出したまま回収できなくなり，
アクチン線維とミオシン線維が結合したままになる。

 それで，死後硬直のあとは，筋肉がやわらかくなるんで
したよね。これはなぜなんでしょうか？

 **緩解**ですね。これは，体内にあるタンパク質を分解する
酵素や微生物のはたらきによって，筋肉が徐々に**分解**さ
れていくためにおきるんです。
死後2日程度たったころから見られます。

 筋肉が分解されていくのか……。

ここでちょっと脱線しますが，**お刺身**は好きですか？

 えっ，めっちゃ話変わりましたね。
刺身，大好きですよ！　私はマグロのような赤身よりも，
タイやヒラメのような白身のほうが好きです！

 ははは，そうですか。
刺身は，食べるまでにどれくらいの時間寝かせるかで，
味や歯ごたえが変わってきます。
魚が死んでから比較的すぐに刺身にして食べると，死後
硬直のため**コリコリとした食感**になります。
一方で，ある程度寝かせると，筋肉が分解されて身はやわらかくなり，**旨味成分**が増えます。
料理人は，どのくらいの時間寝かせるとおいしく食べられるかを考えながら調理しているそうですよ。まぁ，好みによりますけどね。

へぇー。
たしかに，料理番組で，魚をさばいたあと「ラップで包んで冷蔵庫で一晩寝かせます」といってたのを見たことありますけど，そういうことだったのか。
刺身といえば，獲れた魚をすぐにしめるのが大事だって聞いたことがあります。
これはなぜなんでしょうか？

魚をあばれさせずにすぐに殺すことをしめるといいますね。これは魚があばれることでATPが分解されるのを防ぐ目的があります。
ATPが大量に消費されると，死後硬直やその後の反応の進行が早まります。そのため，できるだけATPが分解されないようにすぐに殺して，鮮度を保つわけです。

## なるほど。
ATPの分解を防いで鮮度を保つためにしめるのか。

## 命が尽きても，臓器は生きつづける

さて次は，**個体の死**と，**臓器や細胞の死**について考えてみましょう。
実は，生きている人の体では，毎日，細胞が死んでいます。

**え!?**
細胞が死んでいるのに，私たちは生きているんですか？

たとえば，死んだ皮膚の細胞は垢として，死んだ腸の細胞は糞便として体から捨てられていますし，尿にも死んだ細胞が含まれています。
それでも命が保たれているのは，新しい細胞が生まれているからです。
**細胞のスケールで考えれば，命ある人体の中には，「生と死が混在している」といえるでしょう。**

そうか，私の体の中では，細胞の生と死が常にくりかえされているんですね。

そういうことです。
では，もし，その細胞の持ち主が死んだとしたらどうでしょう。
その体をつくっている細胞もみんな死んでしまうでしょうか？

ええ，個体が死んでしまえば，細胞もすべて死に絶えてしまうんじゃないですか？

たしかに栄養の供給などが止まると，いずれ細胞も死んでしまいます。
しかし，**個体の命が尽きたとしても，体の細胞はすぐにすべて死ぬわけではなく，ある程度の時間なら生きていられます。**
だからこそ，さまざまな臓器の移植が可能なのです。
つまり，個体の死と，臓器や細胞の死はイコールではないんですね。

そういえば，臓器移植を待っている人たちがたくさんいるという雑誌の記事を読んだことがあります。

日本では，1997年に臓器移植法が成立（2009年に改正）し，脳死を人の死として認めることになりました。

ぞうきいしょくほう……。

医師は臓器移植に使用するための臓器を，脳死した人や心臓が停止して亡くなった人から摘出できることが法的に定められるようになったのです。

臓器は，体から取りだされてから，どれぐらい生きていられるんですか？

体から取りだされた臓器は，特殊な保存液にひたされ，冷却して保存・輸送されます。
**臓器の機能を失わずに保存できる時間は，心臓で4時間，肺で8時間，肝臓や小腸で12時間，膵臓や腎臓で24時間といわれています。**

移植されても，ちゃんと臓器は機能するんでしょうか？

右ページのイラストは，移植可能な臓器の代表例と，5年後に機能している割合（生着率）を示したものです。

心臓は9割をこえていますね。
臓器によっても，生着率は変わってくるのか……。
臓器移植によって救われている人はどれくらいいるんでしょうか？

**日本臓器移植ネットワーク（JOT）**によれば，臓器移植を希望する人の数（JOTへの登録者数）は，2020年3月31日現在で**1万4505人**です。
一方で実際に臓器移植が行われたケースは年間480件（2019年）しかなく，移植希望者数にくらべて非常に少ないのが現状です。
98のページのグラフは，移植希望者と，臓器移植が行われたケースを比較したものです。

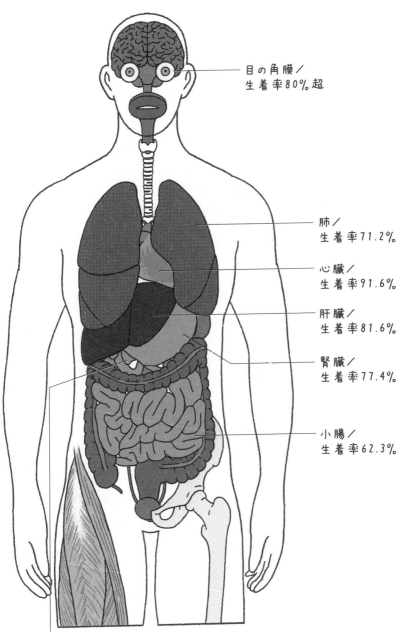

目の角膜／
生着率80%超

肺／
生着率71.2%

心臓／
生着率91.6%

肝臓／
生着率81.6%

腎臓／
生着率77.4%

小腸／
生着率62.3%

膵臓／
生着率76.8%

希望者にくらべて，圧倒的に実施される件数が少ないんですね……。

**移植希望者と，臓器移植が行われたケース**

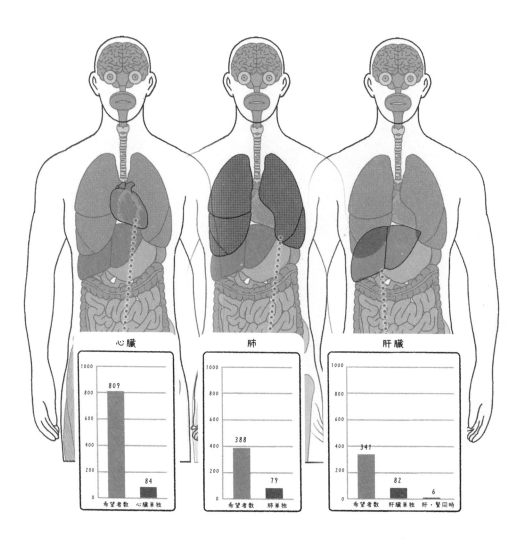

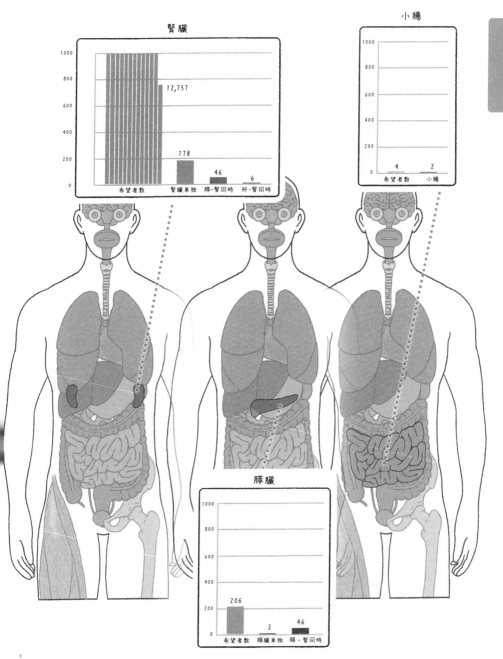

腎臓

12,757

178

46

6

希望者数　腎臓単独　膵・腎同時　肝・腎同時

小腸

4　2

希望者数　小腸

膵臓

206

3

46

希望者数　膵臓単独　膵・腎同時

とにかく，臓器の移植が可能ということは，死後，すぐにすべての細胞が死滅するわけではないことをあらわしています。
このように，**「臓器の死」と「個体の死」は，単純に結びつけることができないのです。**

## 「不死化細胞」として生きつづける，アメリカ人女性

個体が死んでも，細胞や臓器はしばらく機能するという話と関連して**不死化細胞**についても紹介しておきましょう。

不死化細胞？　なんですかそれは？

この細胞は，現在世界中の実験室で，いろいろな研究で使われている細胞で，際限なく細胞分裂しつづける能力をもっています。つまり，**死なない細胞**なのです。

## ええっ!!
そんなすごい細胞があるんですか!?

最も有名な不死化細胞は，ヘンリエッタ・ラックス（1920 ～ 1951）というアメリカ人女性の，子宮頸がんに由来する細胞です。
この細胞は，女性の名（Henrietta）と姓（Lacks）の最初の2文字ずつをとって**HeLa（ヒーラ）細胞**とよばれています。

培養細胞

ヘンリエッタ・ラックス
（1920〜1951）

ある意味，ヘンリエッタさんは，細胞分裂をくりかえすことで，「**永遠に生きつづけている**」ともいえるかもしれませんね。

 私たちはいずれ必ず死んでしまいますけど，私たちを構成する細胞のレベルで見れば，不死になることも可能なんですね。
やっぱり個体の死と細胞の死は，別物なのか。
生と死は，混在しているんですね……。

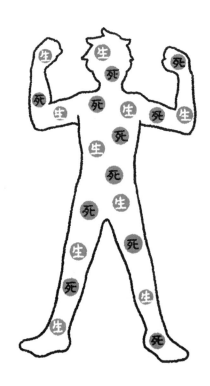

## 死亡診断書は死因の統計にも使われる

人が亡くなると，その死を医学的・法律的に証明するものとして，死亡診断書が発行されます。
死亡診断書とは，亡くなった人を診療してきた医師が，最終的な死因や，死に至るまでの過程をできるだけ詳細にしるしたものです。

知っています。たしか死亡診断書がないと，火葬や埋葬ができないんですよね。

そうです。死亡診断書には，亡くなった人の氏名や性別，生年月日のほか，死亡した日時，死亡の原因（死因）やその種類などが記入されます。

人一人が亡くなるわけですから，しっかりとしたものにしないといけないんでしょうね。

そうですね。
さらに死亡診断書は法律的に人の死を証明するためだけでなく，**死因の統計資料**としても利用されています。

1時間目のSTEP1に出てきた，全世界の死亡原因の統計みたいなのをつくる際にも利用されているということですか？

ええ。
死亡診断書の「死亡の原因」の項目には複数の欄があって，一番上の欄の**直接死因**には，直接死を引きおこした傷病が記入されます。
そして，さらにその傷病を引きおこした原因があれば，**因果関係**の順にその下に書くようになっています。
ただし，**この項目の書き方によっては，死因統計にあらわれる死因（原死因）が変わってしまう可能性があるんです。**

## え！
書き方で死因が変わってしまうんですか？

はい。たとえば，胃がんが転移して肺がんとなり，それが原因で最終的に肺炎で亡くなった場合，原死因は「胃がん」であるべきです。
なので，死亡診断書の直接死因の欄には「肺炎」，その下に「肺がん」，つづいて「胃がん」と書く必要があります。
その結果，原死因は「胃がん」として統計に反映されます。

ふむふむ。

しかし，もし診断書に「肺炎」としか書かれなかった場合，死因は「肺炎」ということになってしまいます。実は肺炎は，2018年の日本人の死因の第5位となっています。

この理由の一つとして，がんが原因で肺炎となって亡くなった人を，がんではなく肺炎としてしまっている例がある可能性が指摘されています。

なるほど。本当は肺炎を引きおこした別の原因があるのかもしれないんですね。

あくまで可能性ですが。

死亡診断書にもとづく死因の統計は，社会がどの病気を予防すべきかを決める**重要な根拠**になります。そのため，死亡診断書に記載される死因があいまいなままだと，実は多くの人に死をもたらしている病気が見すごされることにつながります。

死亡診断書そのものを厳格に確認することはできないのでしょうか？

現在は死因の記載が正確かどうかをチェックするしくみがないため，死亡診断書の正確さは，これからの課題といえそうです。

## 老衰には，明確な定義がない

病気や事故などで亡くなる以外にも，人生をまっとうして歳をとって**老衰**で亡くなることもありますよね。老衰ってどういう死なんでしょうか？

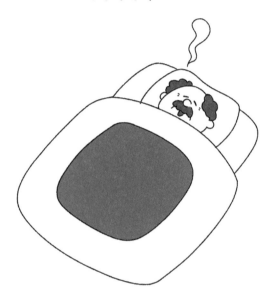

実は，老衰は医学的に定義されているものではないんですよ。

ええ！？　医学的に定義されていない？

高齢者が大病や事故などを経験せずに亡くなることを「老衰」ということがあります。厚生労働省が発表している日本人の死亡統計では，ここ20年間で老衰での死亡者数が急増していることは事実です。

しかし，たとえ老化が進んで亡くなったとしても，何らかの死因があるはずです。
たとえば，高齢になり筋肉が衰えると，つばをうまく飲みこめず，それが気管に入って肺炎を引きおこして亡くなってしまうことがあります。

なるほど。誤嚥性肺炎，というものですね。

ですから，法医学的には診断書に「老衰」と記載することは推奨されていません。

老衰にも，直接の原因となった，ちゃんとした死因があるということですね。

そうです。
老衰と聞くと，苦しみがなく，少しずつ眠るように息を引きとる特別な死に方のような印象があります。しかし，一人ずつ細かく確認すれば，必ず何らかの死因が見つかるはずなんです。

時間目

「生」と「死」の境界線

107

## 死の原因を突き止める「法医解剖」

がんなどの病気によって病院で亡くなった場合，その死は自然な死として社会的に受け入れられるでしょう。
しかし，路上など病院以外で亡くなった人が見つかった場合はどうでしょうか。

路上で亡くなっていた場合，なぜ亡くなったのかがわかりませんね。
病気が原因なのか，はたまた事故や事件なのか……。

そうですよね。
たしかに，突然の心臓病などによる「自然な死」かもしれませんが，不慮の事故や，何者かに殺害されたといった可能性も考えられます。
そのような場合には，まず警察官が医師の立ち会いのもと，検視を行います。
**検視とは，遺体やその周囲の状況を調べて身元を確認したり，事件性があるかどうかを確認したりすることです。**

刑事ドラマでよく耳にするワードですね。

事件性がないと判断されれば，医師によって死因の特定や死亡時刻などを判定する検死が行われます。

どちらも読みが「けんし」なのか。
ややこしいですね。

一方で, 事件性が疑われる場合や, 死因が不明の場合には, その人がどのような原因で死に至ったのかを詳細に調べるため, 遺体の**法医解剖**が行われます。

法医解剖もテレビドラマで聞いたことはあります。でも実際, 法医解剖はどうやって行われるんでしょうか?

法医解剖では, 最初に解剖の前に身長や体重をはかり, 肛門から温度計を入れて温度 (直腸温度) をはかります。
そして, まずは**体の表面**をくわしく検査し, 傷や病変, 皮膚の変色などがないかを確認します。
そのほか, 体の断面画像を得る CT 撮影を行って, 解剖の前に体内の出血や骨折がないかが調べられたりもします。

まずは外側から検査するんですね。

その後, 内臓を一つ一つ取りだして, 病変や傷などがないかを調べて死因を特定し, 病死なのか事故死なのか, または他殺なのかといったことを調べていきます。
内臓だけでなく, 筋肉や血管のようすも調べます。

細かく見ていくんですね。

 さらに，採取した血液や尿から，必要に応じて，血液型，薬物，DNAなどの検査を行います。
こうして詳細な分析を行い，死因の究明が行われるのです。

 死因を調べるために，そんなにたくさんの検査や分析が行われるんですか。

 ええ，そうです。
たとえば，次のような例を考えてみましょう。深さ十数センチの水場で亡くなった人が見つかりました。この人は，はたしておぼれて死亡したのでしょうか。

えーっ，私の推理によれば，浅い水場でおぼれることは考えづらいので，他殺を疑いますね。

なるほど。ここではちゃんと死因を突き止める科学的な視点が必要です。

法医解剖は，さまざまな可能性を考えて行われます。たとえば，解剖によって「首の骨は折れていない」「肺に多量の水は入り込んでいない」「低体温症ではない」「心臓の血管に異常はない」「頭に硬膜下血腫がある」といった多くの事実が積み上げられていきます。

こうした事実をもとに，この人は溺死ではなく，何らかの原因で頭を強く打って亡くなった，などと結論づけられることになります。

地道に事実を積み重ねて，本当の死因に迫っていくんですね

はい。日本では警察に届け出のあった異状死体のうち，約10%が法医解剖されています。

ちなみに異状死体とは，治療中の病気以外の原因で死亡した死体のことです。

なるほど。異状死体の場合，犯罪や事故などの可能性が少なからずあるということですね。

10%というのは，多いのですか，少ないのですか？

世界各国の中では低い数字です。

法医解剖が行われなければ，犯罪や事故などの見逃しがおきる可能性があることが指摘されています。

下の二つのグラフは，警察に届出のあった死体件数とその内訳，世界各国で行われている法医解剖の割合を示したものです。

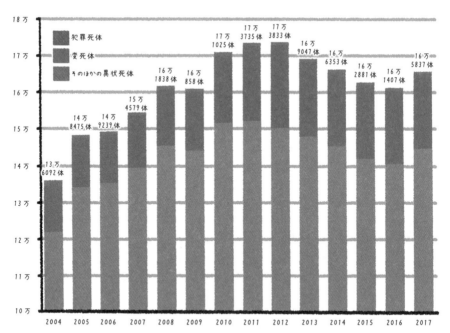

警察へ届け出のあった死体発見数と内訳

警察に届け出のあった死体発見数は，近年は16万以上にものぼります。犯罪死体とは，犯罪で死亡したことが明らかな死体のことで，変死体とは，犯罪で死亡した疑いのある死体です。異状死体とは，治療中の病気以外の原因で死亡した死体を指します。
（データ出典：警察庁資料）

世界各国の中で，日本の法医解剖の割合はずいぶん低い
ですね。
これではたしかに，事故や犯罪が見逃されてしまってる
ケースが結構あるんじゃないかと思ってしまいますねぇ。

## 世界各国で行われている法医解剖の割合

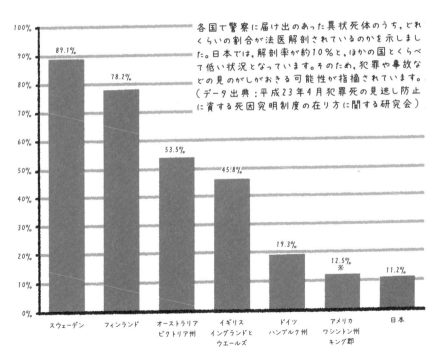

各国で警察に届け出のあった異状死体のうち，どれ
くらいの割合が法医解剖されているのかを示しまし
た。日本では，解剖率が約10％と，ほかの国とくらべ
て低い状況となっています。そのため，犯罪や事故な
どの見のがしがおきる可能性が指摘されています。
（データ出典：平成23年4月犯罪死の見逃し防止
に資する死因究明制度の在り方に関する研究会）

※：警察への届け出数がほかの国より格段に多く，全死亡者数に対する解剖率でみると日本の5倍以上になっています。

ここからは，死と向かい合う心理についてお話ししていきましょう。

近年，老人ホームや緩和ケア施設の中では「どう死期を迎えるか」という点を重視する施設が増えてきています。**死がいつ訪れるのかを予測することは，「万が一の際にどこまで延命措置を行うのか」といった「死に方」を考えてもらったり，家族に対して死を受け入れる準備をしてもらったりすることができるようになる点で重要です。**

死期の予測なんて，そんな予言者みたいなこと，できるんでしょうか？

介護や看護の現場では，死期が近づいていることのサインとして，死の約1か月前には「目力のなさ」「顔色の悪さ」「活気のなさ」などが見られ，死の約2日前になると「呼吸状態の変化」「たんの増加」などがあるということが経験的に知られています。

ただし，高齢者が亡くなるまでにたどる体の変化はとてもゆっくりなので，具体的な死期を正確に判断することは非常に困難です。

やっぱり，直前にならないとなかなか死を予測することはむずかしいんですね。

高齢者の死期の推定方法については，次のような研究があります。

老人ホームなどで亡くなった160人の高齢者の，過去5年間におよぶBMIと，食事・水分の摂取量（すべて口から摂取した量）を調査したものです。
その結果が，下のグラフです。

 BMIとは何ですか？

 BMIとは，身長から見て体重がどれぐらいかを見る「体格の指数」です。
体重kg÷（身長m）$^2$で計算でき，肥満や低体重の判定に用いられます。

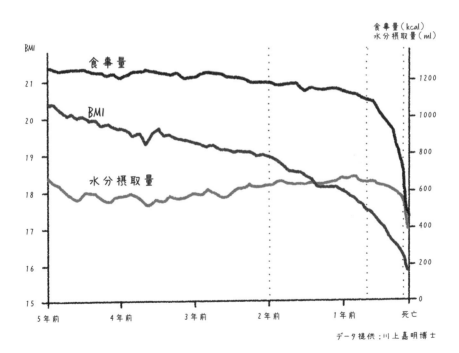

データ提供：川上嘉明博士

グラフを見ると，**高齢者では死亡する5年前の段階で，一定量の食事をとっているにもかかわらず，BMIがゆっくりと減少していること**がわかります。
また，BMIの減少は亡くなる24か月前を境に加速し，さらに亡くなる8か月前には食事量が，そして亡くなる2か月前には水分の摂取量が激減したといいます。

そんなにはっきりと出てくるものなんですね。

しかし，この結果はあくまでも平均ですので，必ずしもすべての方がこのような経過をたどるわけではありません。
また，現状では，死期を明確に予測できるかどうかはまだわかりません。
高齢者は風邪を引いただけで食事量や体重が減ることがあるため，そういったふだんの体調の変化と，死期へ近づいたことで生じる体の変化を明確に区別する必要もあるでしょう。

やっぱり，データを蓄積していくような，地道な研究をするしかないっていうことか……。

ええ。
今後もデータが蓄積されていけば，死期を推定することができるようになり，終末期の医療や介護に生かせるようになるかもしれません。

ぜひ期待したいですね！

## 年齢が高くなるほど死への恐れが少なくなる

死を目の前にしたとき，人はどのような心理になるのでしょうか。あなたは自分がいずれ死ぬことについて，どう思いますか？

# 死ぬのはめちゃくちゃ怖いです。
誰でもそうじゃないですか？

実は，死への恐怖感や，死に対する感じ方は，年齢とともに変わってくることが知られています。
これまでの研究では，**比較的死に近いと考えられる老年期の人たちよりも，死と接する機会が少ない青年期の人たちのほうが，死に対する不安や恐怖を感じることが多いという報告があります。**

そういえば，中学生くらいのころは，今よりももっと死ぬのが怖かった覚えがあります。夜考えだすと眠れないんですよね……。

年齢による死に対する感じ方のちがいは，なぜおきるんでしょう？

それは，周囲で「死」を経験する機会が少ない若い世代では，「死」という，自分とはかかわりの薄い「未知」のものに対する不安が大きくあらわれるためだと考えられています。

なるほど。たしかに，若い人よりも高齢な人の方が，身のまわりで死を経験されているでしょうね。

「平成26年版厚生労働白書」によれば，30歳以上に対するアンケートの結果，年齢が高くなるほど「死ぬのがこわい」と感じる人が少なくなる傾向が見られました。

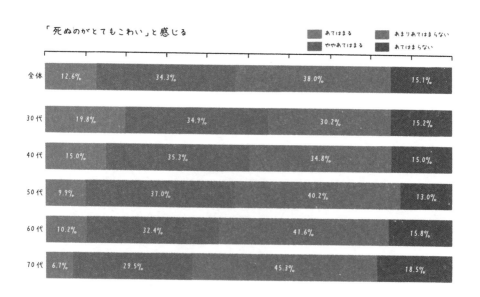

「死ぬのがとてもこわい」と感じる

| | あてはまる | ややあてはまる | あまりあてはまらない | あてはまらない |
|---|---|---|---|---|
| 全体 | 12.6% | 34.3% | 38.0% | 15.1% |
| 30代 | 19.8% | 34.9% | 30.2% | 15.2% |
| 40代 | 15.0% | 35.3% | 34.8% | 15.0% |
| 50代 | 9.9% | 37.0% | 40.2% | 13.0% |
| 60代 | 10.2% | 32.4% | 41.6% | 15.8% |
| 70代 | 6.7% | 29.5% | 45.3% | 18.5% |

歳を重ねるにつれて，周囲で死に接する機会があったり，みずからの体の衰えを感じたりすることが多くなっていきます。そうした経験を通して，「いずれ訪れる死への自覚」が生まれるなどして死を受け入れ，死へのおそれが少なくなっていくと考えられています。

死をより身近に感じることで，死を受け入れやすくなるわけですね。

ええ。
また，若くても，血縁者などの身近な人との死別を経験している人のほうが，そうした経験のない人よりも，死に対する恐怖の度合いが低い傾向も見られるようです。

ほかの人の死にふれた経験が，自分の死の考え方にも影響をあたえるというわけですか。

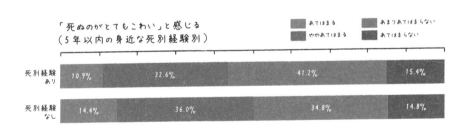

「死ぬのがとてもこわい」と感じる
（5年以内の身近な死別経験別）

| | あてはまる | ややあてはまる | あまりあてはまらない | あてはまらない |
|---|---|---|---|---|
| 死別経験あり | 10.9% | 32.6% | 41.2% | 15.4% |
| 死別経験なし | 14.4% | 36.0% | 34.8% | 14.8% |

死を受け入れるまでの心の変化の研究において，その先駆者として知られているのが，アメリカの精神科医**エリザベス・キューブラー＝ロス**（1926 ～ 2004）です。キューブラー＝ロスは，200人の末期がんの患者にインタビューを行い，死を間近にした人の心がどのように変化していくのかをくわしく調べました。

その結果はどのようなものだったんでしょうか？

**キューブラー＝ロスは，人が死を受け入れるまでには「否認」「怒り」「取引」「抑うつ」「受容」の5段階のプロセスをたどることを示しました。**
彼女によれば，末期のがんなど，死の訪れを知らされた患者は，まず「何かのまちがいだ」などと，事実を否認するといいます。

否認

怒り

取引

120

気持ちはわかりますね。私だって，絶対そんなこと認めたくないですもん。

 その後，否認しつづけることがむずかしくなると，次に「どうして私なのか」といった**怒り**の感情に変わっていきます。さらに，避けられない結果を先延ばしにしようとして「よい行いをするので助けてください」というように，運命や神に対して**取引**をはじめます。

 神さまに祈るという感情，よくわかります。

 そして，症状などから病気を否定できなくなると，喪失感や絶望感から**抑うつ**状態となります。
その後，こうした苦悩をこえて，やがて訪れる死を静かに**受容**するようになるのです。

受容

抑うつ

ただし，これらのプロセスは順番が入れかわることもあり，必ずしもすべてがあらわれるわけではありません。キューブラー＝ロスの研究は，その後，がん患者などの終末期ケア，緩和ケアのあり方に，大きな影響をあたえることとなりました。

## 体と心の苦痛をやわらげる

死は，だれにでも必ず，平等に訪れます。人生の最終段階が近づいた患者は，臓器などの機能低下や，疾患がもたらす身体的な苦痛をかかえます。
そうした中で，だれもがキューブラー＝ロスのいう「死の受容」に到達できるわけではありません。せまりつつある死を前にして，精神的な苦痛や動揺を感じることはごく当然のことです。

そうですね。自分に置きかえると，私も死を目前にして，受け入れられるかどうかは自信がありません。

そのような心身の苦痛をやわらげ，「生活の質（QOL：Quality of Life）」の改善をめざすのが緩和ケアです。WHO（世界保健機関）が1990年に定めた定義では，緩和ケアの対象は「治癒不能な状態の患者とその家族」とされていました。そのため，緩和ケアは「病院の緩和ケア病棟などで行われる，終末期の患者を対象にしたケア」というイメージがありました。

今はちがうんですか？

ええ。**WHO は 2002 年に定義を変更し，緩和ケアの対象を「生命をおびやかす疾患による問題に直面している患者とその家族」に改めたのです。**
こうして現在では，がんなどの患者に対して，病気の進行度に関係なく，より早い段階から提供されるべきものに変わっています。

なるほど。緩和ケアは，具体的にはどういうことをするんでしょうか？

緩和ケアでは，まず医療用麻薬（鎮痛剤）の投与などによる身体的な痛みの緩和が行われます。
緩和ケアで用いられる代表的な医療用麻薬がモルヒネです。

モルヒネって，麻薬じゃないですか？
中毒などの心配はないんですか？

たしかに，モルヒネと聞くと「麻薬中毒になる」「寿命を
ちぢめる」「最後の手段」などと感じて，使用をためらう
患者や家族が少なくないといいます。
しかし緩和ケアの分野では，これらはよくある誤解とさ
れています。

誤解なんですか？

はい。
モルヒネは終末期にかぎらず，通常の鎮痛剤が効かない
場合に標準的に用いられる医療用麻薬です。
医師が適切に処方するので，麻薬中毒になったり，寿命
をちぢめたりする心配はありません。

それは安心ですね。

また，緩和ケアで行われるのは，身体的な痛みの緩和だ
けではありません。
**不安やおそれなどの精神的な苦痛，経済的な問題や家庭
の問題などの社会的な苦痛，人生の意味や罪の意識など
をめぐる苦痛について，専門家による幅広い，総合的な
ケアが行われます。**

心のケアも重要ですよね。

124

1950年代の日本では，亡くなる人の8割以上が自宅で最期をむかえ，病院で亡くなる人は1割程度でした。
その後，両者は逆転し，2005年には病院での死の割合が8割以上になりました。
最近では，病院死がやや減り，介護施設などで亡くなる割合がふえつつあります。

私だったら，住み慣れた自宅で最期を迎えたいなぁ。

実際に，調査によれば，自宅で最期をむかえる在宅死を希望する人は50％以上にもおよんでいるそうですよ。

やっぱりそうでしたか。

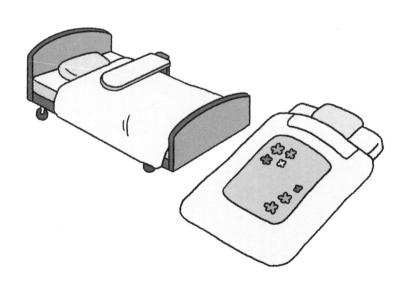

次のグラフは，日本人が亡くなった場所の変化をしめしたものです。

介護施設や自宅で最期をむかえる高齢者は，病気で亡くなるとはかぎりません。

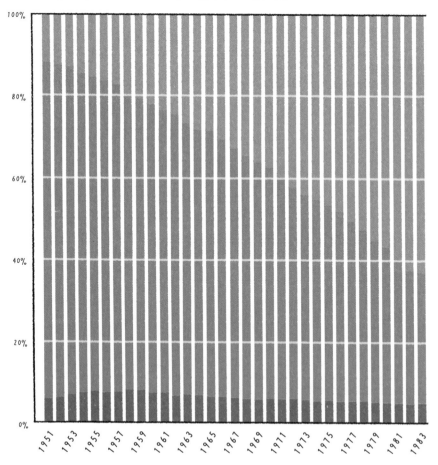

日本人が亡くなった場所の変化

死亡診断書に「老衰」と記載される場合など，生命をおびやかす疾患をかかえずに亡くなる高齢者も多いようです。また，近年では看取りケアも重視されています。

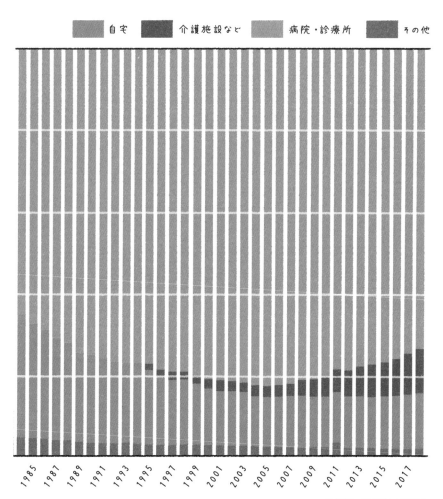

| ■ 自宅 | ■ 介護施設など | ■ 病院・診療所 | ■ その他 |

データ出典：平成30年人口動態調査

看取りケア？

 はい。
看取りケアでは，食事や水分の摂取量が少なくなるといった，終末期の患者におきる**自然なプロセス**に注目します。
**人工的な栄養・水分の補給を行うのではなく，また無理に食べさせたり飲ませたりすることをひかえて，自然でおだやかな最期をむかえられるようサポートします。**

 肉体的にも精神的にも，できるだけ苦痛の少ない，穏やかな死を迎えたいものですね。

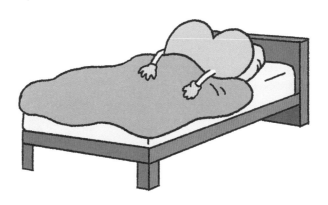

## 不死化細胞を生んだ，ヘンリエッタ・ラックス

　アメリカ人女性，ヘンリエッタ・ラックス（1920～1951）。彼女から無断で採取された細胞は，世界中の研究者に利用され，医学の発展に大きく貢献してきました。

　ヘンリエッタ・ラックスは，1920年にアメリカ，バージニア州でたばこ農家に生まれました。1941年にいとこのデビット・ラックスと結婚し，5人の子供を産みました。

### 子宮頸がんを発症

　5人目の子供を産んだ直後の1951年，ヘンリエッタ・ラックスは，体の不調を感じ，ジョンズ・ホプキンス病院で診察を受けます。その結果，子宮頸がんを患っていることがわかりました。そこで，ラックスは入院して放射線治療を受けることになります。

　その治療中，麻酔で眠ったラックスの体からがんの組織片が摘出されました。ラックス本人や家族はそのことを知らず，当然，同意もありませんでした。

　ラックスは，一度は退院したものの，がんが全身に転移し，1951年10月に31歳の若さで亡くなりました。

### はじめて見つかったヒトの不死化細胞

　治療中にラックスから取りだされたがん細胞は，研究者のジョージ・オットー・ゲイ（1899～1970）にわたされました。ゲイが，ラックスのがん細胞を培養したところ，その細胞が通常の細胞と大きくことなることに気づいたのです。

　通常の細胞は，数十回の分裂をすると死んでしまうため，長く培養することができません。そのため，ヒトの細胞を使って研究を行うことは困難でした。しかし，ラックスの細胞は，いくらでも分裂でき，寿命を迎えることはありませんでした。ヒトの細胞ではじめて見つかった不死化細胞だったのです。

　この細胞は，ラックスの頭文字からHeLa細胞と名づけられます。そしてゲイは，HeLa細胞を使って，小児麻痺を引きおこすポリオウイルスを増殖させることに成功しました。これがポリオワクチンの開発につながります。その後，世界中の研究者にHeLa細胞は渡り，さまざまな病気の治療薬の開発に利用されてきました。

　ラックスの家族は，ラックスの細胞が研究目的で利用されていることを，長い間知りませんでした。家族が知ったのは，ラックスの死から20年以上あとのことです。HeLa細胞の利用は，大きな倫理的な議論をよび，法廷闘争にまでおよびました。

# 2

時間目

## 死へとつながる老化

# 脳の老化

「死」が訪れる前に，私たちの体に必ずあらわれるのが，「老化現象」です。死と同様，老化も避けることはできません。ここではまず，脳の老化について見ていきましょう。

## 20代から脳の老化がはじまる

ここまで，人はどういう条件がそろうと死んでしまうのかや，死を判定する基準など，「死の条件」についてお話を聞いてきました。
人は歳をとってくると，若いときより体は弱って，やがて死をむかえますよね。
人が歳をとると体はどうなっていくのかについても知りたいです。

いいでしょう。たしかに，老化は，死へ向かう避けられないプロセスですからね。
ではここからは，脳と体それぞれの「老化」について，見ていきましょうか。
まずは脳の老化についてです。

よろしくお願いします！
脳の老化といえば，やっぱり物忘れが多くなるとか，そういうことでしょうか。

そうですね。歳をとると，記憶力や判断力が低下してきます。

なぜ，そのようなことがおきるんですか？

それは，神経細胞が失われたり，神経細胞の機能が低下するからです。

神経細胞が失われる？

そもそも私たちの脳には，電気信号を伝える機能に特化した細胞である**神経細胞**が，およそ1000億も集まって天文学的な規模の情報社会をつくっています。

# 1000億も!?
すごい!!

神経細胞は生まれる前後で急増し，成人になるころにピークをむかえます。ですがそれ以降はほぼ増殖せず，**死ぬまで同じ神経細胞が使いつづけられるのです。**

ですから，神経細胞が失われたり，機能が低下したりしても，入れかわらないんですよ。

# 失われる一方というわけか……。
だから脳の認知能力や判断力は低下していくんですね。

ま，私はまだ30手前だし，まだまだ脳の老化には無縁ですけどね〜。

いいえ，そうでもありませんよ。

日常生活で脳の老化を実感するのは，多くの場合，40代や50代になってからですが，脳の神経細胞の減少は**20代**からはじまっているんです！

# げげっ，　20代から!?

ええ。個人差はありますが，**毎年0.5％程度の神経細胞が失われているのです。**

また，脳の判断能力も**30歳前後**をピークに徐々に衰えていくのですよ。

ひえ〜！

そういえば実家の母も，最近物忘れが多くなって，新しいものが覚えづらくなったっていっていたなぁ。

もしかしたら，神経細胞の機能が低下した影響かもしれません。
脳は神経細胞どうしの信号のやりとりで，さまざまな機能を実現しています。

しかし，加齢にともない，神経細胞どうしのつながりが切れたり，信号（神経伝達物質）を受け取る**スパイン**という部分が小さくなったりします。

さらに，信号を伝える**軸索**のまわりをおおう**ミエリン鞘**とよばれる構造が取れたり変形したりもします。

これらのせいで，神経細胞は信号をうまく伝えることができなくなるのです。

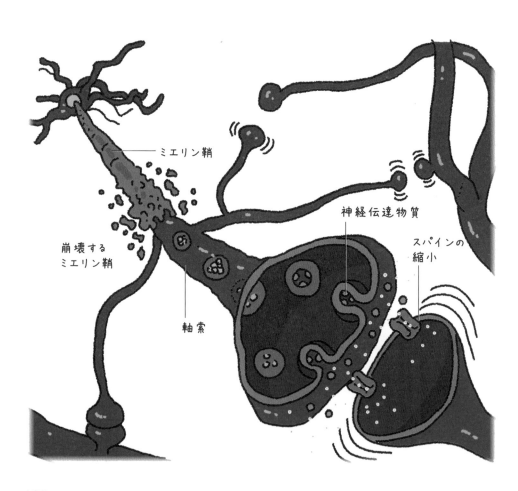

ミエリン鞘

崩壊する
ミエリン鞘

軸索

神経伝達物質

スパインの
縮小

老化すると，信号の伝達がうまくいかなくなるのか……。

さらに，神経細胞の可塑性も低下します。

か，かそせい??

通常，脳に新しい情報が入ると，神経細胞どうしは新たに回路を形成してつながり方を変化させたり，すでにある回路の太さや，やりとりする信号の強弱を変化させたりします。
このように**神経細胞が柔軟に変化する性質を「可塑性」というんです。**
可塑性によって，神経細胞のつながりが変化することで，記憶が定着したり，新たな動作ができるようになったりするんですよ。

へぇー，神経細胞のつながり方って変わるんだ。

そうなんです。
**しかし，脳が老化すると可塑性が低下し，新しい神経細胞のつながりがつくられにくくなるため，記憶も定着しづらくなるのです。**

それで物覚えも悪くなるわけか。

記憶力が衰えるのを防ぐには，どうすればよいのでしょうか!?

たとえば，物の名前を覚える際に，単に単語を覚えるだけではなく，連想ゲームのように何か別な物と関連づけて覚えるとよいかもしれません。

関連づけ？

すでに脳に存在する記憶と関連づけることで，記憶は定着しやすくなります。

たとえば，リンゴを記憶しようとするときには「赤色」「果物」「甘酸っぱい」など，私たちは関連した情報を同時に記憶しています。

そして，「リンゴ」を思いだそうとするとき，「赤色」や「果物」という関連した情報をたどって，目的の「リンゴ」という記憶を引っ張りだすのです。

ほぉ。関連した情報をたどっていくことで，物事を思いだすこともあるんですね。

そうです。このような記憶の関連性も，神経細胞どうしで信号がやりとりされた結果，生じます。

このとき，神経細胞どうしのつながりが弱くなった回路だと，覚えていたはずのことを思いだせなくなりやすいんです。

私たちが何かを記憶するとき、脳内の神経細胞どうしのやりとりを通じて、関連した情報も同時に記憶している。
そのため、関連情報から目的の記憶を引きだすことができる。

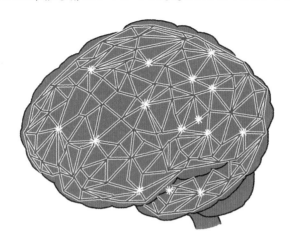

## 記憶の関連性

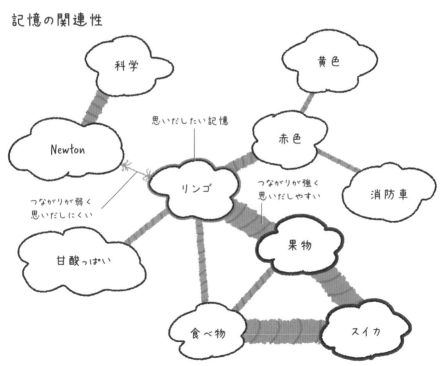

科学

黄色

Newton

思いだしたい記憶

赤色

リンゴ

消防車

つながりが弱く
思いだしにくい

つながりが強く
思いだしやすい

甘酸っぱい

果物

食べ物

スイカ

なるほど〜。神経細胞のつながりが弱いと，関連したものを引っ張ってこれなくなるわけか。

その一方で，何かのきっかけで，忘れていたことをふと思いだすことがあります。
これは，目的としていた記憶と関連性の強い，つまり"記憶のつながりの糸が太い"神経細胞の回路がたまたま刺激され，それによって，記憶が引きだされることでおきるのです。

ああ，よくある！　なんで今思いだしたんだろう？　みたいなことが！
街中で嗅いだ香水の香りから，忘れていた昔の恋人の顔をふと思いだすとか……。

いいですねぇ。ロマンチックですね。

 そういうことだったのか〜。
脳って不思議ですねえ。

 まぁ，そういうわけですから，記憶力を保つためには，一つの物事について，五感なども含め，いろいろな情報を関連づけておくとよいでしょう。
目的の記憶を引っ張りだすきっかけになる神経細胞の回路が複数あれば，老化によって神経細胞のつながりが弱まって記憶を引っ張りだせなくなっても，別の経路から思いだすことができます。

 なるほど！　記憶の関連づけ，大事ですね。

 それから，神経細胞どうしのつながりは，使いつづけていれば，そう簡単には衰えません。
つまり，「自宅の場所」など，生活に必要な記憶は忘れにくいのです。
逆にいうと，忘れてしまうような記憶は，そもそも今の生活にあまり必要ではない記憶ともいえるので，忘れることを気に病む必要はありません。

 えっ，**逆転の発想。**
忘れる程度の記憶は，たいして重要ではないのか。

 そういうことです。

たしかに，それくらいの心構えのほうがよいのかも。
でも，昨日テレビで，自分の家の場所を忘れて徘徊する
お年寄りが出ていました。
自宅の場所のような重要な記憶も，忘れることがあるん
じゃないですか？

お年寄りが迷子になって徘徊したり，食事したことを忘
れたりするのは，アルツハイマー病などの認知症の
可能性があります。

アルツハイマー病！
1時間目にも出てきましたね。
記憶力や判断力が失われていくという……。

はい，その通りです。
アルツハイマー病は代表的な認知症で，アミロイドβ
とよばれるタンパク質が，脳内に異常に蓄積することで
発症することが知られています。
こうなると，命にかかわるような重要な記憶であっても
失われてしまいます。

うわっ，こわいなぁ……。

いわゆる老化にともなう記憶力の衰えと，アルツハイマ
ー病などの認知症によって記憶が失われることは，根本
的に別の現象だといえるんです。

## 脳が老化すると，体の動きがにぶくなる

脳の老化は，人の名前や場所の記憶だけに影響するのではありません。
実は，**体の動き**にも影響をあたえます。

体の動きに？　どういうことですか？

久しぶりに運動したときに，「昔はもっと動けたのに……」という人は多いと思います。実はこれも脳の老化が影響している可能性があります。

えーっ，それって，歳をとって単に筋力や体力が低下しているっていうことなんじゃないですか？
脳の老化だなんて大げさな。

もちろん，筋力や体力の低下も原因の一つです。しかし，それだけじゃありません。
**脳の老化にともなって，体を動かすための信号の伝達速度やその強度，筋肉と神経が接続している部分の機能などが低下し，さらに「運動記憶」までも失われます。**
その結果，若いころと同じように動けなくなるんです。

ひぇー，脳の老化が体の動きにまで影響するのか。
ところで，今出てきた運動記憶ってなんですか？

ある動きに対する記憶です。
たとえば，目の前にあるコップを取るという動作で，これぐらい離れているものを取るとき，筋肉をどれくらいちぢめて，ひじをどの程度曲げる指令を出せばよいか，といった記憶です。

なるほど……。たしかに記憶や判断だけでなく，体を動かすことも脳の役割ですよね。

その通りです。
競技によって差はあるものの，プロスポーツ選手の全盛期は20代〜30代前半である場合が多く，競技によっては，一般社会でははたらき盛りの30〜40代で現役を引退する選手が数多くいます。

 脳が衰えると，自分の意識した動きと実際の動きとのズレが出てきます。一般人にはなんの支障もないレベルのズレでも，プロスポーツの世界では，大きく影響するのかもしれません。

 はぁ〜。単なる体力の衰えだけでなく，脳の衰えからくるイメージのずれもあるのか。

 特別な運動でなくても，素早く動けなくなったり，反応速度が遅くなったり，思ったほど足が上がらなくなったりします。

たとえば，お年寄りが段差につまづいて転倒しやすいのは，自分が思っているほど足が上がっていないためです。まさに自分が思いえがく動きができなくなった証拠でしょう。

 私は大して運動していないし，今後する予定もないので油断していましたが，気をつけないといけませんね。

 ただ，歳をとって悪いことばかりではもちろんありません。経験や知識のストックは確実に増えています。それによりバランスの取れた判断ができるようにもなります。社会の安定には必要な能力です。

# STEP 2 体の老化

「ものが見えづらい」「体が動かしづらい」など，さまざまな兆候により，私たちは「老い」を実感します。ここでは，老化によってあらわれる体の変化を見ていきましょう。

## 60歳以上の6割以上は，白内障

人が体の衰えを感じる事がらにはいろいろあります。あなたはまだ若くて実感がないかもしれませんが，体の老化と聞いて，真っ先に思い浮かべるのは何ですか？

そうですねぇ……。
やっぱり老眼ですかねえ。両親が「視力が落ちた」「老眼だ」ってよくいってます。新聞を読むときなんかは，100均の老眼鏡をかけてますね。

なるほど。たしかに眼の老化は，代表的な老化現象の一つですね。
では，まず**眼の老化**についてお話ししましょう。

よろしくお願いします！

年齢を重ねるにつれて，視力は衰えていきます。
その原因の一つが**水晶体**です。
水晶体は，薄い膜で弾力のある中心部を包んだ，固めのゼリーのような組織で，眼に届く光を屈折させ，ピントを調節する役割をになっています。
眼を**カメラ**だとすると，水晶体は**レンズ**にあたります。

水晶体

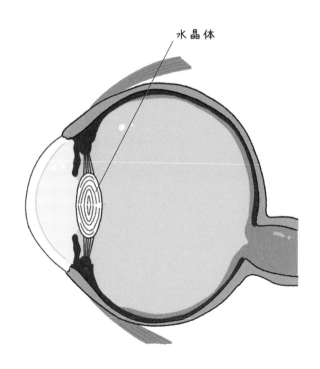

レンズですか。
水晶体はどうやってピントを合わせるんですか？

下のイラストは，水晶体のしくみをあらわしたものです。
まず，遠くにあるあのリンゴを見てください。はっきり
と見えますか？

はい。見えます。

このとき，イラストのように，あなたの眼の水晶体は薄
くなることで，遠くのリンゴがはっきり見えるようにピ
ントを合わせているんです。

なるほど。

遠くに置かれたリンゴから
放たれた光

手もとにある雑誌から
放たれた光

じゃあ今度は，近くにある雑誌を見てください。

 はい，はっきり見えます。

 イラストのように，さっきとは逆に，近くを見ているときは水晶体が厚くなっています。

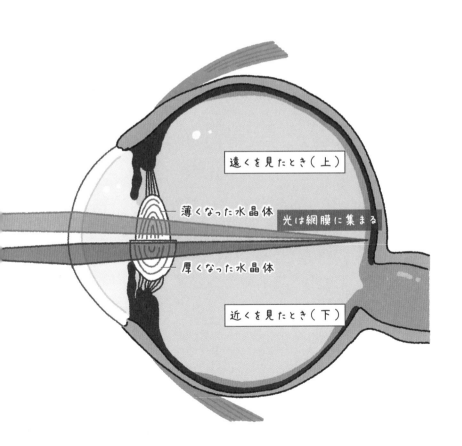

遠くを見たとき（上）

薄くなった水晶体

光は網膜に集まる

厚くなった水晶体

近くを見たとき（下）

このように距離に合わせて水晶体の厚みを変えることで，光の屈折の具合を変えてピントを合わせているんです。

 **へええ〜！**
でも水晶体は，なぜ自由自在に厚みを変えられるんでしょうか？

 次のイラストを見てください。
水晶体は，毛様小帯という細い糸で，毛様体につながっています。

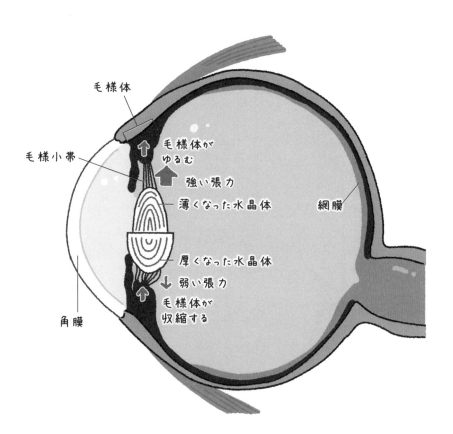

毛様体

毛様小帯

毛様体が
ゆるむ

強い張力

薄くなった水晶体

網膜

厚くなった水晶体

弱い張力

毛様体が
収縮する

角膜

毛様体にある**筋肉**のはたらきで，水晶体を引っ張る力が変わります。
その結果，水晶体の厚みが変わるんです。

なるほど。ちっちゃな筋肉で調整していたわけか～！
こんな小さな眼球に，それほど細かいしくみがあるなんておどろきです！
じゃ，目の老化もやっぱり，筋肉が弱ってくる＝ピントを合わせる機能がおとろえてくるってわけですか？

その通りです。
加齢によって毛様体の筋肉がおとろえるんです。

うちの両親は「近いものを見るときがツライ」という，いわゆる老眼なんですけど，これもすべて筋肉の老化のせいなんですか？

いいえ，筋肉だけでなく，水晶体自体も年齢とともに変化していくんです。
**水晶体は幼児期に最も弾力があり，年齢を重ねるにつれて固くなっていきます。**
固いと厚みを変えにくくなり，水晶体が厚くならないと，近くにピントが合いにくくなります。これが**老眼**とよばれる状態です。

## そういうことか！
レンズが固まって厚くできないから，遠くを見るぶんにはいいけど，新聞を読むときなんかは困るわけだ。

ええ。さらに，眼の老化は，水晶体が固くなるだけでは
ありません。
だいたい40代から，水晶体に少しずつ白いにごりが生じ
るようになります。
これが白内障で，視野がぼやけたり，かすんだりします。

白内障って，よく聞きます。
高齢者の病気かと思ってましたが，40代からにごりはじ
めるのか……。
白内障ってなぜおきるんでしょうか？

**水晶体が年齢とともに固くなったりにごったりするのは，
水晶体を構成するタンパク質の分子が，本来の構造を失
ってしまうためです。**
ちょうど，卵の白身に火を通すと，やわらかく透明だっ
たものが固まって白くなることに似ています。

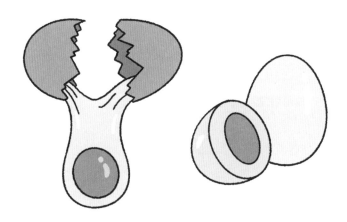

わかりやすい！
幼児期は水晶体が生卵状態だったのが，年齢を重ねるにつれてゆで卵状態になるということですね。

ええ。水晶体のタンパク質の構造を失わせる原因は，太陽光にふくまれている紫外線など，さまざまなものがあります。
60歳以上の人のうち6割以上が，程度の差はあれ白内障にかかっているといわれています。

半分以上が……。
たしかに高齢者は眼がよくないイメージがありますね。
紫外線もよくないのか。

ええ。さらに水晶体の異常のほかにも，網膜で異常がおき，視力が衰えていく場合もあります。
その代表的なものが加齢黄斑変性です。

かれいおうはんへんせい？

先ほど眼をカメラにたとえましたが，水晶体がレンズなら，眼の奥で光を受け取るフィルムの役割をしているのが網膜です。
網膜の中心には中心窩というへこんだ部分があり，中心窩のまわりには，視力や色覚をになう視細胞が高密度で集まる黄斑という領域があります。
黄斑は，私たちがものを見るときにピントを合わせる場所で，眼の中で，最も重要な役割をになっているのです。

うわっ，めちゃくちゃ大事な場所なんですね。

 そうなんですよ。だから，黄斑に異常が生じると，視力が低下したり，暗い点が見えたり，あるいは視野の中心がゆがんで見えたりするようになってしまうんです。

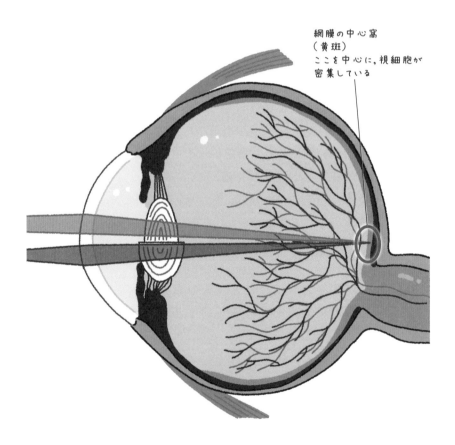

網膜の中心窩
（黄斑）
ここを中心に，視細胞が
密集している

黄斑の異常は視力に直結しているわけですね。

はい。そして，この黄斑の異常が，先ほどお話しした「加齢黄斑変性」なんです。
アメリカでは成人の失明原因の第1位とされ，日本での患者数も近年ふえているといわれています。

**失明!?** こわいですね。
加齢黄斑変性の原因はわかっているんですか？

原因はよくわかっていないのですが，加齢にともなって網膜の奥に老廃物がたまることや，あるいは喫煙や生活習慣の変化などと関係があると見られています。

眼にも老廃物がたまるのか……。

加齢黄斑変性には，主に二つのタイプがあります。
一つは，黄斑の下にもろい血管がつくられ，これが出血して網膜がはがれる滲出型（しんしゅつがた）。
もう一つは，網膜の奥に並ぶ「色素上皮細胞」という細胞が死んでしまう萎縮型（いしゅくがた）といわれるタイプです。
老廃物がたまって発症するのは，主にこの萎縮型です。

ただの老眼じゃない可能性もあるわけか……。
眼も定期的にケアしないといけないですね。
親にも，一度ちゃんと眼科で診てもらうようにいっておこう。

## 筋肉は「速筋」から衰えていく

次に，**筋肉の衰え**の話をしましょう。
筋肉の老化は30代〜40代からはじまるといいます。

えーっ，そんなに早いんですか!?
あー，でもたしかに，会社でもその年代でジムに通いは
じめる人が結構多い気がするな。
私もアラサーなんで，そろそろ何か運動しないとなあ
……。

体を動かす筋肉は，日常的に合成と分解をくりかえすこ
とで，量と質を保っています。筋肉を使えば筋肉の合成
が促進されます。しかし使わなければ分解される割合が
高くなり，筋肉量が低下しやすくなるんですよ。

**ギク！** 　筋肉は使わないと合成されないのか！
やっぱり運動が非常に重要ということですね。

そうですね。
人は歳をとるにしたがって，はげしい運動を避けるよう
になります。その結果，筋肉は速筋から徐々に衰えてい
くことになるのです。

インドア派なんで，もともと運動を避けてるかも……。
ところで，「そっきん」て何ですか？

筋肉を構成する筋線維（83ページ参照）には，大きく分けて，**速筋**と**遅筋**の2種類があるんです。
速筋は，瞬間的に大きな力を発揮することに特化した筋線維です。一方，遅筋は持続的に力を出しつづけるのが得意な筋線維です。

ほぉ。**瞬発力型**と**持久力型**ですか。

ええ。スポーツ競技では，たとえば短距離走や走り幅跳びのような，瞬間的に力を発揮する競技では速筋が，マラソンのように持続的な競技では遅筋が主に使われます。一流のスポーツ選手は，それぞれの競技に適した筋線維を多くもっているといわれています。

ふむふむ。競技に合う筋肉の種類があるのか。

高齢者は，日常生活で，とくに速筋をあまり使わなくなります。そうなると，遅筋を使う割合が増えます。
その結果，**筋肉は速筋から徐々に衰えていき，筋線維がどんどん細くなっていくのです。**
下のイラストは，左が若者の筋肉，右側が高齢者の筋肉をえがいたものです。

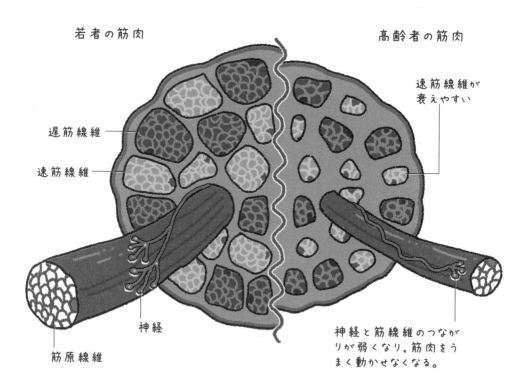

若者の筋肉　　　　　　　　　　　高齢者の筋肉

速筋線維が衰えやすい

遅筋線維

速筋線維

神経

筋原線維

神経と筋線維のつながりが弱くなり，筋肉をうまく動かせなくなる。

わわ，高齢者の筋肉は，遅筋線維のほうが太いですね。

 はい。速筋の量と遅筋の量とのバランスが狂ってしまうと，筋肉をうまく動かすことができなくなって，いざというときに必要な力が発揮できなくなってしまいます。

 転倒にもつながるし，危険ですね。筋肉の老化を食い止めるにはどうすればいいんでしょうか？

 **日常的にさまざまな動きをして，速筋・遅筋，両方の筋肉が減らないように保つことが大事でしょう。**
たとえば，子供は飛んだりはねたり無駄な動きをたくさんします。そのような，さまざまな筋肉を使うような動きが重要だといえるでしょう。

 うーむ。飛んだりはねたりか……。

加齢にともなって速筋が減少し，遅筋の割合が高くなる
ことは，**食欲の低下**にも関係してきます。

**ええっ？**
筋肉と食欲に何の関係があるんでしょうか？

遅筋と速筋では，**エネルギーの生産効率**がちがうた
め，速筋と遅筋の割合の変化が食欲に影響してしまうん
です。

エネルギーの生産効率がちがう～？

はい。くわしくお話ししましょう。
筋肉は，ATPを分解するときに生じるエネルギーを使っ
て，伸びちぢみしています。

1時間目に出てきましたね。
脳の神経細胞は，血液中のブドウ糖を，酸素を使って
ATPに変えつづけているから，ブドウ糖と酸素の消費量
がハンパないという……。

いいですね。
筋肉が使うATPは，大きく分けて二つの経路でつくられ
ています。一つは，炭水化物などが分解されてできる糖
から，細胞が直接ATPを生産する経路です。
これは**解糖系**と呼ばれます。

糖を分解してつくられるから解糖系か。

そしてもう一つは，細胞内の小器官である**ミトコンド**
**リア**の活動によってATPを生産する経路です。
ミトコンドリアとは，エネルギーをつくる「工場」みたい
なものです。

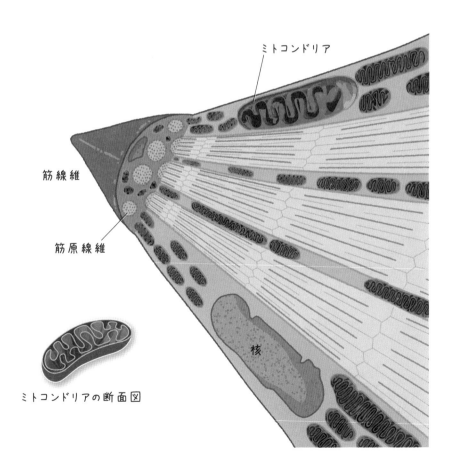

ミトコンドリア

筋線維

筋原線維

核

ミトコンドリアの断面図

なぜATPをつくる方法に二通りもあるんでしょうか？
一つにすれば，話はシンプルなのに。

それは，遅筋と速筋のはたらき方にも関係しています。
**解糖系でATPを生産するときにかかる時間は，ミトコンドリアでATPを生産する場合にかかる時間の約100分の1と短いんです。**
そのため，**エネルギーを大量に使って，瞬間的に大きな力を発揮する場合には，解糖系でATPがつくられます。**

時間が100倍もちがうんですか!?
じゃあ，全部解糖系でATPをつくったほうがいいということにはならないんですか？

それが，そういうわけにもいかないんですよ。
解糖系は，ミトコンドリアで合成する経路に比べて，ATPを生産する効率が悪いんです。
**ミトコンドリアは，一度の反応で，解糖系でつくられる10倍以上ものATPをつくることができます。**

こっちはATPがいっぱいつくれるのか。

はい。
**時間はかかるものの，エネルギーを生産する効率が非常に高いので，長い時間，継続して力を発揮するような筋肉の運動では，主にミトコンドリアによってATPがつくられます。**

効率は悪いけど短時間で大量のエネルギーを生む解糖系
と，時間はかかるけど効率的に，そして持続して力を発
揮するミトコンドリア……。
これって，遅筋と速筋のはたらきと似ていますね。

そうなんです！
速筋では，瞬間的にATPを合成する解糖系を主に使って
ATPを合成しています。
一方の遅筋では，ミトコンドリアで効率よくATPを合成
しています。

なるほど。遅筋と速筋は，ATPをつくる経路がちがうん
ですね。
それで，筋肉と食欲がどう関係するんでしょうか？

遅筋はミトコンドリアによってATPを合成するため，生
産効率が高いです。
**そのため，遅筋の割合が高くなると，少ない食事量でも
活動に必要なエネルギーを十分に確保できてしまいます。**
そのため，食欲が低下してしまうというわけなんです。
まぁ，もちろん，食欲の低下には，老化にともなう内臓
機能の低下も影響していますが。

食欲が低下して食べる量が減ってしまえば，体がほかの
部分で必要とする栄養もとれなくなってしまいますね。

ええ。それから，老化によって筋力が衰え，生活に支障
が出るようになると，サルコペニアという病名がつき
ます。

さるこぺ……？

 サルコペニアです。**加齢や疾患によって筋肉量が少なくなって，身体機能が低下した状態をいいます。**
サルコペニアの判定基準は，日本の場合，筋肉量の低下にともない，握力が男性で26kg未満，女性で18kg未満，そして歩行速度が秒速0.8m未満です。
これは，ちょうど横断歩道を青信号の間に渡りきれなくなる程度です。

 それでは日常的な活動が不便になりそうです。

 ええ。さらに筋肉の量の低下は，体の生命維持機能にまで影響することがあります。そもそも筋肉の役割は，体を動かすことだけではありません。
**筋肉には，発熱することによって体温を維持する役割もあります。また，食べ物がなくなって飢えているときの非常時に，筋肉を分解することで細胞にエネルギーを供給することもできます。**

## memo

# 筋肉は，全身の健康に影響をおよぼす!?

　定期的な運動は，がんや心疾患，アルツハイマー病の発症率の低下，免疫力の向上，脳機能の改善など，体全体にさまざまなメリットをもたらすことがわかっています。

　男性の太ももの太さと死亡率との関係を12年間にわたって調べたデンマークの研究があります。太ももの太さは，全身の筋肉量の指標となります。調査の結果，太ももが太いほど，死亡率が低くなることがわかりました。

　できるだけ，定期的に無理のない適度な運動をつづけて，全身の筋肉量を維持するようにしましょう。

筋肉って，緊急時の非常食的な役割もあったんですね！サルコペニアになると，こうした生命の維持に欠かせない機能までもが低下してしまうということですか。

ええ，そういうことです。

筋肉の低下は，動きづらくなるだけではすまないんですね。今のうちから，たくさん運動をして，できるだけ筋肉量が低下しないようにしなければなりません。

## 基礎代謝が落ちて体が太る

筋肉とエネルギーの話をしたので，加齢にともなう**体重の増加**についてもお話ししましょう。
年齢を重ねるうちに，若いころには標準的な体型だったのに，体重が増加してくる人が多くいます。

ああ〜。会社の上司が，40過ぎたらぱったり体重が落ちなくなったと嘆いていました。

それは，加齢とともに，基礎代謝が下がることが原因の一つです。

きそたいしゃ？

私たちは，運動せずに，じっとしているだけでもエネルギーをたくさん消費しています。
**生命維持のために消費される1日あたりの必要最小限のエネルギーを基礎代謝といいます。**

動いていないのに，どこでエネルギーを消費しているんですか？

私たちは，ただ生きているだけで，心臓や呼吸，体温維持などでエネルギーを消費しているんですよ。
**意識をしていなくても，生きていくために，さまざまな臓器がはたらいていて，エネルギーを使っているんです。**

あっ，そうか。
でも，その基礎代謝は，老化と何か関係が？

# 大ありです！
年齢を重ねるとともに基礎代謝の量は下がっていく傾向があるんです。
次ページのグラフは，体重1キログラムあたりの基礎代謝の量を各年代ごとにあらわしたものです。
グラフが示す数値に自分の体重をかけ合わせれば，自分のおおよその基礎代謝が求められます。

うわぁ〜！
基礎代謝がめきめきと落ちていく……。
でも基礎代謝って，生命維持に必要なエネルギーなんで
すよね？　なぜ下がっていくんでしょうか？

体重１キログラムあたりの，１日の基礎代謝の量

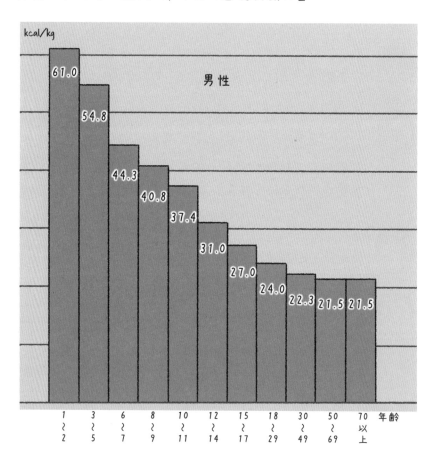

172

それは主に，年齢とともに筋肉の量が減少していくため
です。

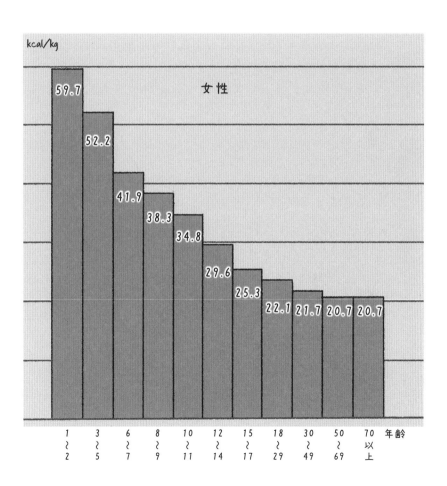

kcal/kg

女性

| 年齢区分 | 値 |
|---|---|
| 59.7 | |

1
〜
2

3
〜
5

6
〜
7

8
〜
9

10
〜
11

12
〜
14

15
〜
17

18
〜
29

30
〜
49

50
〜
69

70
以
上

年齢

筋肉には，骨にくっついていて体を動かす**骨格筋**，心臓を動かす**心筋**，そして内臓や血管にある**平滑筋**の3種類があります。

こっかくきん，しんきん，へいかつきん……。

これらの筋肉の中で最も重要なのは，骨格筋です。
ここからは，単に「筋肉」といったら，骨格筋を指していると考えてください。
**男性なら体重の40％前後，女性なら体重の35％前後が，標準的な筋肉の割合です。**
体重65キログラムで標準的な体格の男性なら，筋肉は26キログラムほどです。

ふむふむ。
筋肉は，安静時だとどれくらいのエネルギーを消費しているんですか？

**筋肉は1日あたり，1キログラムにつき約13キロカロリーを消費します。**
ですから26キログラムの筋肉は，26×13＝388で，1日あたり約338キロカロリーを消費することになります。これが筋肉による基礎代謝です。

## ポイント！

# 筋肉は3種類！

筋肉には，骨格筋，心筋，平滑筋の3種類が
あります。最も多い筋肉は骨格筋で，男性は体
重の40%，女性は35%前後が骨格筋です。

筋肉の1日あたりの基礎代謝量＝約13kcal／1kg

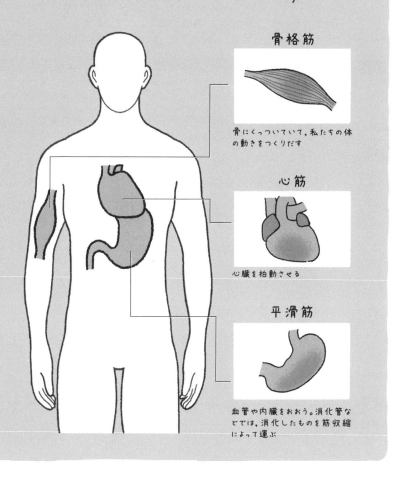

### 骨格筋

骨にくっついていて，私たちの体
の動きをつくりだす

### 心筋

心臓を拍動させる

### 平滑筋

血管や内臓をおおう。消化管な
どでは，消化したものを筋収縮
によって運ぶ

じゃあ，**脂肪**は？

**脂肪組織は1日あたり，1キログラムにつき約4.5キロカロリーを消費しています。**
つまり，同じ重さでくらべた場合，筋肉のほうが基礎代謝の量が大きいのです。
体重65キログラムで標準的な体格の人なら，脂肪組織は約14キログラムです。ですから，脂肪組織による基礎代謝は1日あたり約63キロカロリーとなります。

筋肉の1日の基礎代謝が338キロカロリーに対して，脂肪はたった63キロカロリー……。
**脂肪のほうがずいぶん基礎代謝が低いんですね。**

そうです。
このほか，脳，心臓，肝臓などの消費カロリーもありますから，それらをすべて足し合わせた値が，その人の基礎代謝の量となります。
実際には基礎代謝の量は，その人の体の組成によってちがってきますけれども。

なるほどぉ。
それで，基礎代謝と太ることと，どういう関係があるんですか？

では，説明をわかりやすくするために，実際に計算してみましょうか。
体重は何キログラムですか？

私は65キログラムです。

 体重が65キログラムの標準的な体格の20代男性の場合、172ページのグラフから計算すると、24.0×65で、基礎代謝は1日あたり**約1560キロカロリー**です。

そして、あなたが50代になったときも、体重は変わっていなかったとしましょう。すると、筋肉が減って脂肪が増えているはずだから、グラフから読み取ると、21.5×65で、基礎代謝は**約1400キロカロリー**と計算できます。20代のときとの差は160キロカロリーですね。

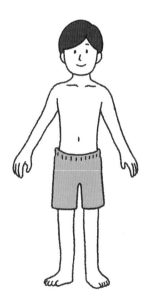

年齢：20代
体重：65キログラム
基礎代謝：1日あたり約1560キロカロリー

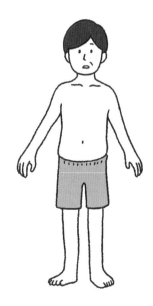

年齢：50代
体重：65キログラム
基礎代謝：1日あたり約1400キロカロリー

基礎代謝が160キロカロリー下がると，どのような影響があるんでしょうか？

 もし50代になっても，今とまったく同じ量や内容の食事をとっていたとしたら，単純計算で1日あたり160キロカロリーあまることになります。
脂肪組織1キログラムは7000キロカロリーに相当するので，160キロカロリーは，脂肪組織に換算すると約23グラムです。

 1日で23グラムということは……？

 この状態が1年以上つづけば，単純計算で8キログラムの体重増加となります。

 ゲゲッ！　ヤバいですね！

ただし，実際には，体重の増加にともなって基礎代謝や運動に必要なエネルギーもふえるため，そこまでの体重増加にはならないかもしれません。

**と，ともかく！** 意識を変えないと，歳をとってから確実にヤバくなることだけはわかりました。172ページの棒グラフの「年齢別の体重1キログラムあたりの基礎代謝の量」の値に，自分の体重をかければ，各年齢における標準的な基礎代謝がわかるんですね。

そうです。
ただし，肥満の人の場合は脂肪の割合が多いため，実際の基礎代謝よりも計算値のほうが大きくなって，誤差が大きくなることに注意してください。

グラフを見ると，男性よりも女性の方が，体重1キログラムあたりの基礎代謝が少し小さいようですね。

それは，男性は女性にくらべて筋肉の割合が高いことなどが理由です。

やっぱり**筋肉の量**ですね！

個人差もありますが，基礎代謝の内訳は，おおまかにいえば，筋肉（骨格筋）の割合が22％，脂肪組織が4％，肝臓が21％，脳が20％，心臓が9％，腎臓が8％，その他が16％となっています。

## 基礎代謝の内訳

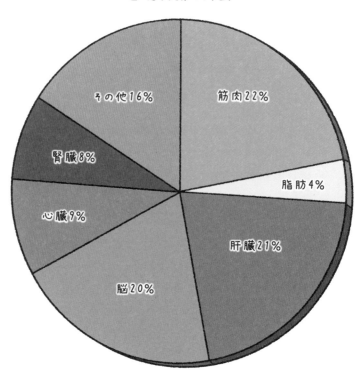

 基礎代謝を増やすことはできないんですか？

 人為的にふやすことができるのは，筋肉による消費だけです。

 なるほど！
じゃ，筋力トレーニングで筋肉の量をふやせば，基礎代謝の量もふえて，やせやすい体になるわけですね！

うーん，筋肉をふやして基礎代謝の増加量をアップしても，それほど劇的なダイエット効果は期待できません。たとえば筋力トレーニングによって筋肉の量を1キログラムふやしたとしても，基礎代謝の増加量は，単純計算で約13キロカロリーに過ぎません。

せっかく少し運動する気になったのにな……。

大きな期待をかけるほど効率はよくないということです。よく「筋肉をきたえれば，基礎代謝のおかげでいくら食べても太らない！」という人がいますが，それは幻想のようなものです。

ただし！　運動自体にカロリーを消費する効果はもちろんありますから，運動をすることは重要です。

過剰な期待をかけるのではなく，運動や食事に気をつけるなど，日々の積み重ねが大切ですね。

さて，脳，眼，筋肉につづいて，次は**骨の老化**について
お話ししましょう。

 骨か。
たしかに，お年寄りは骨折しやすいイメージがありますね。

 筋力の衰えとともに，骨の老化も，高齢者が日常生活を
送るうえで，大きな問題です。
骨の丈夫さをあらわす**骨密度**が，神経細胞と同じく20
代〜 30代をピークに減少していくのです。

 ## え〜！ 20代や30代から？
想像以上に早いですね！
骨は固いし，そう簡単に変化しないような気がしていた
んですけど。

そうですよね。
でも骨は，一見何の変化もないように見えるかもしれませんが，実は常に**変化**しつづけているんですよ。

えっ，変化？

はい。
体の中では，常に古い骨の破壊と，新しい骨の形成が行われているんです。
そのため，**骨は1年間で10 〜 20％程度も入れかわっているんです。**

## ええ〜！

骨を破壊する細胞を**破骨細胞**，破壊された部分に骨をつくる細胞を**骨芽細胞**といいます。通常は，骨の形成と分解がほぼ同じスピードで行われるため，骨密度が一定に保たれて，結果的に何も変化していないように見えるだけなんです。

二つの細胞が骨のバランスを保っているわけですね。

ええ。しかし，**40代後半ごろから徐々に骨芽細胞よりも破骨細胞が優位になり，骨密度が低下していきます。**
そうして骨がもろくなる骨粗鬆症が引きおこされるのです。

こちゅしょしょしょうが!?

## こつ・そ・しょう・しょうね。
骨粗鬆症になると，骨がスカスカになり，少し足をぶつけたり，それどころかせきやくしゃみをしただけでも骨折してしまうこともあるくらい，骨がもろくなってしまうんです。

せきやくしゃみでも骨折するなんて！

高齢者の場合，脳や筋肉の老化によって運動能力が低下し，転倒などをしやすくなりますよね。そこで骨粗鬆症になっていると，骨折などのケガにつながるリスクが高くなるわけです。

骨粗鬆症こわいなぁ。どうやって，骨粗鬆症だと判断されるんですか？

以前は「骨密度」で判断されていましたが，最近は「骨の質」も指標になっているそうです。
骨の質は，骨をつくるときに合成される成分や，骨の微細な構造，さらに骨の成分どうしをつなぐコラーゲンなど"骨組み"の質などによって決まります。

なるほど。
骨粗鬆症は，骨の密度だけではなくて，もっと総合的に判断されるわけか。

はい。加齢にともなって骨の合成と分解のバランスがくずれることだけではなく，"骨組み"の材質が劣化したりすることでも，骨は折れやすくなるんです。

どういう人が骨粗鬆症になりやすいんでしょうか？

まず，**骨粗鬆症は，男性よりも女性のほうが圧倒的に多いです。**
女性はもともと男性より骨密度が低いうえに，50歳ごろから月経の周期が不規則になり，やがて停止して閉経となります。これが，骨密度の減少を加速させるんです。

なぜ閉経すると，骨密度が急激に減少するんですか？

それは，女性ホルモンのエストロゲンが大きくかかわっています。
**閉経などによってエストロゲンが少なくなると，破骨細胞による骨の分解が活発になります。その結果，骨の形成と分解のバランスが大きくくずれてしまうのです。**

ホルモンも影響してくるのか。

 そうなんです。
次のイラストは，体内の性ホルモンの量がどのように推移していくのかを示したものです。
女性は，50歳ごろに女性ホルモンが急激に減少しているでしょう。これが骨の分解を促進してしまうんです。

## 男性ホルモンの推移

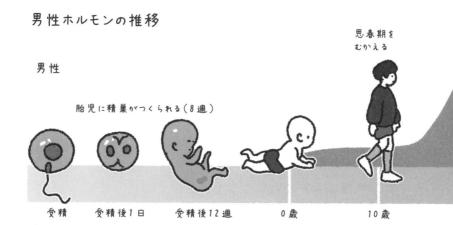

男性

思春期をむかえる

胎児に精巣がつくられる（8週）

受精　　　受精後1日　　　受精後12週　　　0歳　　　　10歳

## 女性ホルモンの推移

女性

思春期をむかえる

胎児に卵巣がつくられる

受精　　　受精後1日　　　受精後12週　　　0歳　　　　10歳

それに比べて男性ホルモンは，ゆるやか〜に減少していくんですね。

そうなんです。だから，**男性が骨粗鬆症になる原因はいまだにはっきりしていないんです。**
老化にともなって骨芽細胞の活動が低下していたり，ほかの要因で破骨細胞が活性化したり，あるいは糖尿病やリウマチなどの病気の影響で骨量が低下したりすることが考えられています。

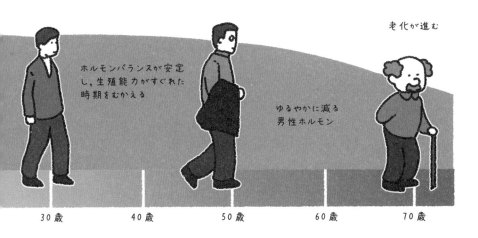

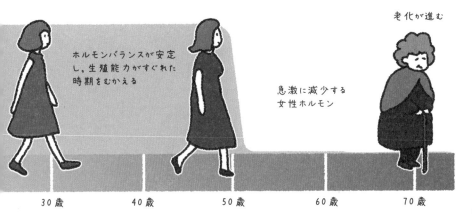

骨粗鬆症にかからないようにするには，どうすればいい
んですか？

 骨粗鬆症の予防には，骨の材料となるカルシウムやリン，
ビタミンDやビタミンKなどを十分にとることが重要
です。

●ビタミンDを多く含む食品

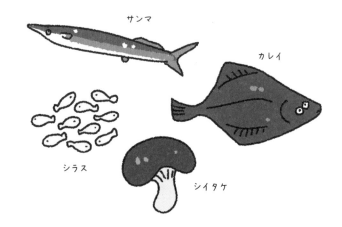

サンマ

カレイ

シラス

シイタケ

●ビタミンKを多く含む食品

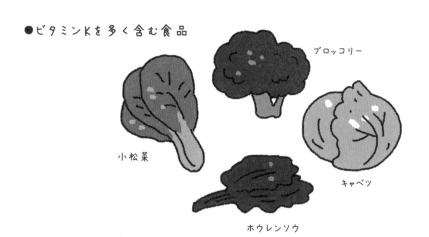

ブロッコリー

小松菜

キャベツ

ホウレンソウ

# 骨に必要な栄養をしっかりとる！
ってことですね！

ええ。**骨量が一度減ってしまうと，もとの密度に戻すにはかなり時間がかかります。**
加齢にともなう骨量の低下が避けられないなら，若いころにある程度骨を蓄積しておけば，骨粗鬆症の予防につながるでしょう。

なるほど！
若いころからの貯金が老後の生活を安定させるってわけですね。

そうです。「貯金」ならぬ**貯骨**こそ，骨粗鬆症の最大の予防方法といえるでしょう。
とくに女性は，若いうちから骨量が極端に低くならないように，十分に注意しておいた方がよいでしょうね。

## コラーゲンの減少が，しわの原因

 次は，しわなどによる**外見の老化**を見ていきましょう。

 私の母も，「しわや白髪が増えたワ」って，いつも嘆いてますよ。

 ひとくちに「しわ」といっても，加齢以外のさまざまな原因でできるんですよ。
このうち，**加齢による老化**と，**太陽からの紫外線などによる老化（光老化）**が原因でできるしわを，医学的にしわとよんでいます。

 しわにも定義があるんですね！
じゃあ，指紋や手のひらのしわは？

 それらは，しわではありません。
さらに，医学的なしわのうち，表情筋を動かすことでできるしわを**表情じわ**とよんでいます。
表情じわは，笑ったり怒ったりするときに，目じりやみけん，おでこなど，表情筋をよく動かす部位にできます。

 「カラスの足跡」とかですね……。
母に言うと怒られますけど。

表情じわができやすい場所

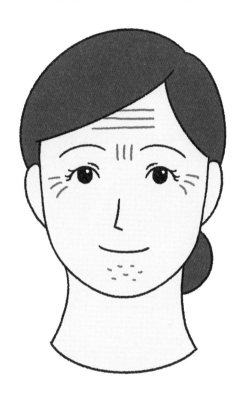

光老化によるしわは，太陽の光をよく浴びる，**顔から首**にかけてできやすいです。
そして，加齢によってできるしわは，**背中やお腹，腰**など，やわらかい部位に多く見られます。

赤ちゃんにはしわはありませんよね。
なぜ年齢を重ねるにつれて，しわができるんですか？

皮膚に変化がおこっているからです。
皮膚は，表面から順に**表皮，真皮，皮下組織**の三つの組織からなっています。
このうち，真皮には**コラーゲン**や**弾性線維**というタンパク質や，糖類の一種である**ヒアルロン酸**が存在します。

よく美容関係のCMで耳にするワードですね。
「コラーゲン」とか「ヒアルロン酸」とか……。

**しわのない皮膚**

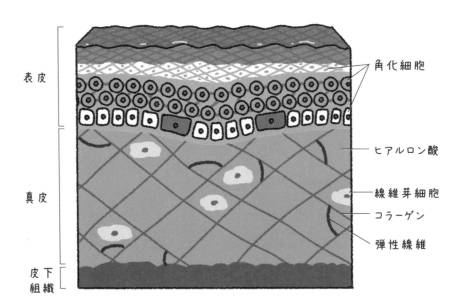

表皮

真皮

皮下組織

角化細胞

ヒアルロン酸

線維芽細胞

コラーゲン

弾性線維

コラーゲンや弾性線維は，組み合わさって組織を支える“ゴム”のような役目をしています。
また，ヒアルロン酸には水分をたくわえるはたらきがあります。
これらの成分があることで，皮膚の**弾力**が生まれ，**たるみの防止**にもなるわけです。

## な〜るほど！
どれも皮膚のハリに大きく関係する機能をもっているんですね。

しわのある皮膚

コラーゲンと弾性線維が，切断されたり減少したりした状態。ヒアルロン酸の量も減っている。

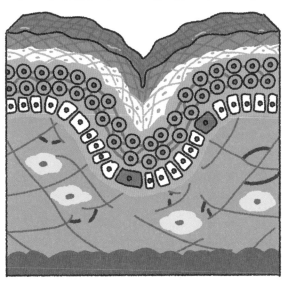

「コラーゲン」「弾性線維」「ヒアルロン酸」は, お肌のハリの三大成分というわけか。

そうですね。この三つの成分は, 真皮にある**線維芽細胞**という細胞がつくりだしています。

またまた細胞が出てきた。
この細胞は皮膚の弾力を保つ物質をつくってくれているわけですね。

はい。
しかし, 皮膚のハリをもたらすコラーゲンや弾性線維, ヒアルロン酸の量は, 歳をとるにつれて減っていきます。
その結果, 皮膚の弾力が失われ, しわができるのです。

お肌のハリの三大成分, なぜ減ってしまうんですか?

まず, 「加齢によるしわ」は, コラーゲンなどを合成する酵素のはたらきが低下することが原因だとされます。
一方, 「光老化によるしわ」は, 主に紫外線を浴びることで, 真皮にあるコラーゲンや弾性線維の合成が低下することが原因です。
さらに, それだけでなく, 紫外線の影響で, **線維を切断する酵素**が多量につくられることも, しわの原因となります。

線維を切断する酵素?

はい。紫外線のうち，波長の長いUVAは，真皮まで到
達して線維芽細胞を刺激します。
するとMMPs（マトリックス・メタロ・プロテ
アーゼ）という酵素がつくられます。このMMPsによ
って，コラーゲンや弾性線維が切断されてしまうのです。

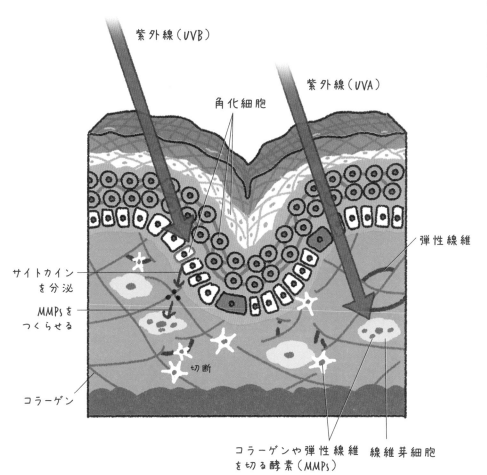

紫外線（UVB）

紫外線（UVA）

角化細胞

弾性線維

サイトカイン
を分泌

MMPsを
つくらせる

切断

コラーゲン

コラーゲンや弾性線維　線維芽細胞
を切る酵素（MMPS）

本来，コラーゲンや弾性線維を合成する線維芽細胞が，切断する酵素をつくってしまうんですか。

ええ，そうです。
一方，紫外線のうち波長の短い**UVB**は，真皮にはごく一部しか到達せず，ほとんどが表皮で吸収されます。

じゃあ，UVBは問題ないんですね。

いえ，そんなことはありません。
表皮には**角化細胞**という細胞があります。これにUVBが当たると，**サイトカイン**とよばれる物質がつくられます。サイトカインとは，体の細胞にはたらきかけて，細胞の活動を活発化させたりする物質です。
角化細胞でつくられたサイトカインは，真皮の線維芽細胞にはたらきかけて，MMPsをたくさんつくらせてしまうのです。

やっぱり，MMPsが生成されてしまうのか！
よく，お肌の一番の大敵は紫外線だと聞きますけど，そのしくみがよ〜くわかりました！

## コラーゲンでしわはなくなる？

　年齢とともに気になるのが「顔のしわ」です。しわは，肌のハリのもととなるコラーゲンが失われることが原因です。しかし，コラーゲンを積極的に摂取しても，効果があるわけではありません。

　なぜならコラーゲンはタンパク質なので，胃腸でバラバラに分解されて，アミノ酸になるからです。コラーゲンがそのまま皮膚の細胞に到達するわけではないのです。

　美容効果をうたったコラーゲンのサプリメントについては，信頼性の高い十分な証拠はなく，また，一つの成分をかたよって摂取するのもよくありません。

　それより，紫外線を避けたり，ストレスのない生活を心がけるほうが効果的だといえるでしょう。

## 男性ホルモンが薄毛をもたらす

年齢を重ねることによる外見の変化といえば，やっぱり**髪の毛**が気になります。
歳をとると，なぜ薄毛になったり，白髪になったりするんですか？

私もかなり寂しくなってきました……。それはさておき
では，髪についてもお話ししましょう。
そもそも髪の毛の正体って何か知っていますか？

いわれてみれば……，髪の毛ってなんだろう？

実は，**髪の毛の正体は，死んだ細胞**なんです！

ええ〜っ!?
髪って細胞だったんですか!?

そうなんですよ。まずは，髪の毛がどのようにしてつくられているのかを説明しましょう。

たしかに髪の毛ってどうやって生えているんだろう。

私たちの頭には，およそ10万本の毛髪が生えています。
その毛髪をつくるのが毛包という器官です。
毛包は，頭皮が落ちこんでできた筒状の器官で，基本的に一つの毛包から一本の毛髪が生えています。

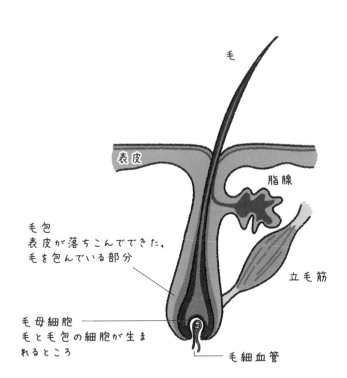

頭に埋まった毛包の中で，髪の毛がつくられているんですね。

そうです。
毛包の中にある毛の根元には，毛髪をつくりだす**毛母細胞**があります。

もうぼさいぼう？

成長している髪の毛の根元では，この毛母細胞がさかんに分裂していて，新しくできた細胞が，古い細胞を上へ上へとどんどん押し上げています。押し上げられていく過程で**ケラチン**という繊維状のタンパク質が細胞内にたまっていき，やがて細胞は死にます。

あら，死んじゃうんですね。

そうなんです。
でも，この**死んだ細胞のかたまりが，かたい髪の毛となるんです。**
毛母細胞はもともと皮膚の細胞からできているので，毛髪は皮膚が形を変えたものだともいえます。

へーっ，皮膚と髪の毛は全然ちがいますけど，もとをたどれば同じものなんですね。

そういうことです。
さて，あなたはどれくらいの頻度で**散髪**をしますか？

散髪代もバカになりませんからねえ。
節約のために，できるだけ我慢してから床屋に行ってます。3か月に1回くらいですかね。

さて，ここで問題！　もし何十年もずーっと髪を伸ばしつづけたら，どうなるでしょうか？

**何十年も!?**　髪がどこまでも伸びつづけて，お化けみたいになると思います！

ブッブー，**ハズレ～！**
髪には寿命があるので，ある程度の期間で抜けて新しく生え変わるんです。
そのため，**髪は切らなくても，ふつうは1メートルほどまでしか伸びません。**

お化けにはなれないのか～っ！

はい。髪は，さかんに伸長する**成長期**，伸長を止める**退行期**，毛が抜け落ちる**休止期**を周期的にくりかえしているんです。このサイクルを**毛周期（ヘアサイクル）**といいます。
**毛周期の1サイクル，つまり1本の髪の寿命はおよそ2～6年ほどで，このうち成長期が90%ほどを占めます。**

2～6年ごとに**髪は生え変わるんですね！**

ええ。

この毛周期をコントロールしているのが，毛包の最も深い場所に存在する**毛乳頭細胞**です。

**毛乳頭細胞は，成長期には毛母細胞の分裂を促進する物質を分泌し，退行期・休止期には逆に分裂を抑制する物質を分泌しています。**

つまり，毛乳頭細胞が，毛母細胞に指示をあたえて，体に生えている毛の太さや長さを決めているのです。

## へええ～！ うまくできているんですねえ。

毛髪のしくみはよくわかりました。

でも……，なぜ歳をとると薄毛になるんでしょうか？

薄毛のように毛が正常に生えなくなる症状を，**脱毛症**といい，いくつかの種類があります。

その中でも圧倒的に発症数が多いのが**男性型脱毛症（Androgenetic Alopecia：AGA）**です。

前髪の後退や，頭頂部が薄くなる一方で，側面や後頭部に比較的髪が残るのが特徴です。

AGA……，最近，テレビのCMとか，雑誌とかでよく見る言葉ですね。

そうですね。

いわゆる薄毛というと，一般的にはこの男性型脱毛症を指すことがほとんどです。

**男性型脱毛症の発症率は，30代の男性では10～20％程度ですが，年齢が上がるにつれてふえていき，60代では50％ほどにもなります。**

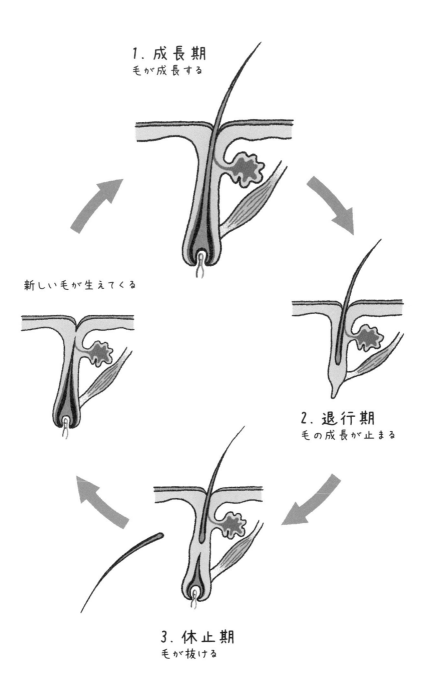

1. 成長期
毛が成長する

2. 退行期
毛の成長が止まる

3. 休止期
毛が抜ける

新しい毛が生えてくる

# 60代以上で約半分の人が!?

多いなぁ。なぜ男性は髪の毛が減るんでしょうか？

実は，男性型脱毛症は，髪の毛が減るのではないんです！

えっ，そんなはずはないでしょう。薄くなるんだから。

**男性型脱毛症は，本来2～6年ある毛髪の成長期が極端に短くなってしまい，休止期に長くとどまってしまう毛包が増加することでおきるんです。**

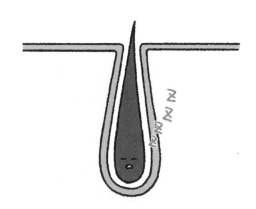

休止期にとどまる毛包が増えるとなぜ髪が薄くなるんですか？

成長期が短いために，太くて硬い毛に成長しきれず，細く短い毛ばかりになってしまうのです。

**つまり男性型脱毛症とは，太くて硬い毛が，産毛のような細くてやわらかい毛になってしまうという，毛の性質が変化する現象なのです。**

へぇー，本数が減ってるわけではなかったんだ。
でも，なぜそんなことがおきるんですか？

毛周期に異常を引きおこし，男性型脱毛症を招く犯人は**男性ホルモン**です。
男性ホルモンは，思春期以降に分泌量が大幅に増えるため，男性型脱毛症は，実は思春期以降にはじまるんです。

男性ホルモンが悪さをしていたのか！

**男性ホルモンが，毛周期をコントロールする毛乳頭細胞に作用して，最終的に毛乳頭細胞が毛母細胞の分裂を抑制する物質をつくるようになってしまうのです。**
このように，男性ホルモンが毛の成長期をおさえて，退行期・休止期へと移行させているわけです。

でも，薄毛になっていない人もいますよね。

男性の中でも，若いうちから男性型脱毛症が進む人と，いつまでも発症しない人がいます。そのちがいを生むのは**遺伝子**です。男性型脱毛症に関わる遺伝子としては十数種類が見つかっています。

## 50歳までに，約50％が白髪になる

 薄毛と同じく，白髪もふえてきますよね。

 そうですね。
**一般的に，50歳までに髪の毛の半分が白髪になる人は，およそ50％だといわれています。**

 なぜ歳をとると白髪になるんでしょう？
というか，そもそも髪の毛が黒いのは，どういうしくみなんですか？

日本人の髪の毛が黒いのは，毛髪にメラニンという黒い色素が含まれるからです。

メラニンは，髪の毛をつくる毛母細胞の近くにあるメラノサイトという細胞の中で，チロシンというアミノ酸を原料にして合成され，毛母細胞に供給されます。

そして，毛母細胞から分裂した細胞がメラニンを取りこんで硬くなり，黒い毛髪になるわけです。

髪の毛って，そんなふうに黒くなっているんですね。
面白いなあ。ということは，白髪にはメラニンが入ってないということなのかな？

鋭い！
そう，**髪が白くなるのは，このメラニンを供給するしくみがうまくはたらかなくなるためなんです。**

やっぱりね！

メラニンが供給されなくなる理由は主に二つあります。
**一つはメラニンをつくるメラノサイトの数そのものが減少すること，もう一つは，メラノサイトのメラニンをつくる能力が低下することです。**
メラノサイトは，色素幹細胞という細胞が分裂して生まれます。
**近年の研究では，色素幹細胞そのものの数が，年齢とともに減少することが報告されています。**

なるほど。
おおもとの細胞そのものがなくなっていくのか。

**色素幹細胞の数は，40 ～ 60代では20歳代の半分ほどになり，70 ～ 90代になるとほとんどなくなります。**
また，たとえ色素幹細胞が存在しても，歳をとるにしたがって正しく機能しないメラノサイトの割合もふえてきます。

70 ～ 90代には，メラニンをつくる細胞がほとんどなくなるのか。なんだかさびしいですね。

いやいや。グレーヘアーも素敵ですよ。
目指せナイスミドル！
ナイスシニア！

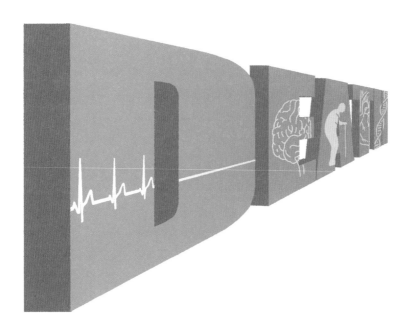

# 3

## 時 間 目

# 細胞の死と，
# 人の寿命

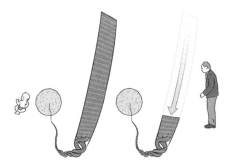

# STEP 1
# 細胞の死が
# 人の死をもたらす

私たちの体は膨大な数の細胞でできており，細胞がおのおののはたらきをすることで私たちは生きています。死を迎えるとき，細胞には何がおこっているのでしょうか？

## 毎日4000億個の細胞が死んでいる

生き物が死ぬのは，ほかの生き物に食べられたり，事故にあったり，病気になったり，理由はさまざまです。
しかし，人は多くの場合，老化が引きおこす病気によって死にます。
たとえば，1時間目で紹介した死因第1位の虚血性心疾患は，主に心臓が老化することが引き金になります。

老化による体の変化は，2時間目でもいろいろと見ましたね。
脳も体のあらゆる器官も骨も，年齢を重ねるごとに，ゆっくりと衰えていくことはよくわかりました。
でも，そもそも，なぜ体は老化していくんでしょうか？
老化って，つまり何が原因なんですか？

年齢とともに体が老化していくのは，体を構成する体細胞の機能が徐々に低下し，死んでいくためです。

## 細胞が死ぬ？

私たちの個体の老化や死の根本的な原因は，細胞レベルにあるということですか。

そうですね。細胞が死ぬことによって，組織や臓器などがうまくはたらかなくなっていくんです。
ここからは，細胞の死や老化について，くわしく見ていきましょう。

だんだん死の核心に近づいてきた気がするなあ。
ところで，先ほどおっしゃっていた「体細胞」とは何ですか？

体細胞とは，精子や卵子といった「生殖細胞」以外の細胞のことで，体を形づくっている細胞のことをいいます。

今まで出てきた筋肉や骨の細胞，神経細胞なんかも体細胞に含まれるわけですね。

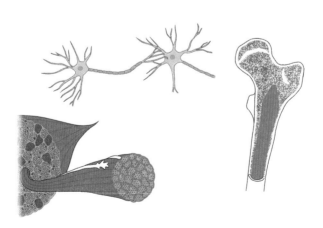

その通りです。さて，ここで問題！
ヒトの体はどれくらいの数の体細胞でできているでしょうか？

 そりゃあ，すごい数でしょうね。
何百億，何千億レベルでしょうか？

 もっともっと多いんですよ。
**人体は，約37兆個もの体細胞でできているといわれています。**

 # さ，37兆個‼
全然イメージがわかない！

 地球の人口が76億人ぐらいだから，人類の総数よりもはるかに多いということになりますね。
でも，そんな天文学的な数の体細胞はすべて，もとをたどれば，たった1個の受精卵にたどりつきます。
**精子と卵子が受精してつくられる受精卵が2個の細胞へ分裂し，できた細胞がそれぞれふたたび分裂する……ということをくりかえして，最終的に約37兆個の体細胞となるのです。**

 そうか，細胞分裂だ。
私をつくっている細胞はすべて，もとは1個の受精卵からはじまったわけなんですね。
そう考えると，神秘的だなあ……。

受精卵

受精からおよそ
42日後の胚子（胎児）

出産直前の
胎児

成人

ほとんど再生しない
脳の神経細胞

ほとんど再生しない
心臓の心筋細胞

細胞分裂で再生する
肝臓の肝細胞

分裂が活発な
小腸の細胞

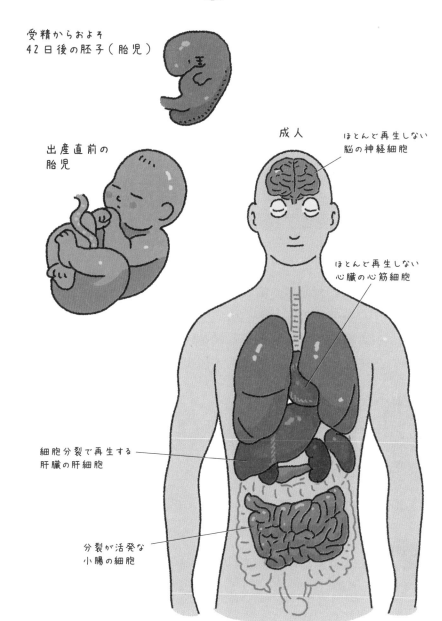

さて，先ほど，老化や死の原因は，細胞の死にあるとお話ししました。

実は**細胞の死に方は，大きく分けて2通りあります。**

それは，事故死（壊死）と自死です。

えっ，事故死と自死……？

はい。

**事故死は，外傷や栄養不足などによる細胞の死です。**こうした細胞の事故死のことを**ネクローシス**といいます。

不測の事態による不慮の死，ということですね。

そうです。

**それに対して，細胞が自ら死んでいくのが自死です。私たちの体では1日に3000億〜4000億個もの細胞が自ら死んでいっています。重さにすると約200グラムになります。**

そんなに細胞が死んでいって大丈夫なんですか!?
体重もどんどん減ってしまうじゃないですか！

死んでいく細胞のかわりに新しい細胞が生まれているので大丈夫です。新しい細胞が生まれますから，体重が減りつづけることもありません。

でも細胞はなぜ自殺するんですか？　もったいない……。

生物が体の構造を維持するためには，古くなった細胞を新しい細胞に入れかえる必要があるからです。

これが，いわゆる新陳代謝とよばれる現象です。

老化したり異状になったりした細胞を，自死によってとりのぞくことで生命を保っているんですよ。**細胞の自死は，生物にもともとそなわった死のしくみなんです。**

へぇー……。

生きていくために必要な死ということですね。なんだか哲学的だなあ……。

まさにその通りですね。

自死は細胞の生と死のバランスをつかさどっており，私たちが生きていくうえで必要なしくみなのです。

---

**ポイント！**

## 細胞の死

細胞は1日に 3000 ～ 4000 億個死んでいる。

・事故死（壊死）
  ……外傷や栄養不足などによる細胞の死。
  （ネクローシス）

・自死
  ……細胞自らによる死。
  老化したり異状になったりした細胞を自らとりのぞき，新しい細胞といれかえることで生命を保つ。

## 脳の細胞の死は，定期券タイプ

 細胞の自死についてもう少しくわしく見ていきましょう。細胞は自死のしくみによって，**定期券タイプ**と**回数券タイプ**の2種類に大きく分けることができます。

 え？　それって，電車に乗るときに使う，あの定期券と回数券ですか？

 そうです。
まず，**「定期券タイプ」は，生まれてから死ぬまでほとんど入れかわることのない細胞のことです。**
**脳の神経細胞**や**心臓の心筋細胞**がこのタイプですね。これらの細胞は，細胞分裂をしないかわりに**長寿**です。ヒトの場合，定期券タイプの細胞は100年近い寿命をもっています。

 一つの細胞が100年も使いつづけられるんですか。

 ええ。
たとえば，脳の神経細胞は，胎児の時期には分裂してふえますが，生後はほとんどふえることなく，だんだんその数を減らしていきます。人間の生涯で平均すると，1日に約**10万個**の神経細胞が脳で死んでいっていると考えられています。
このように，長い期間にわたって使われ，期限がくると自死することから，このタイプの細胞は「定期券」にたとえることができるわけです。

なるほど〜。うまいたとえですね。

 なお，近年では，分裂することのできるタイプの神経細胞も脳内で見つかっていますけどね。

脳の神経細胞は定期券タイプ

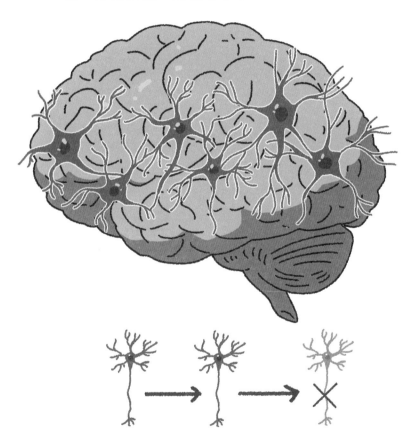

生まれたての
脳の神経細胞

脳の神経細胞は，
生後，ほとんど
分裂はしない

長い年月を経て，
脳の神経細胞は
自死する

## 皮膚の細胞の死は，回数券タイプ

もう一つの「回数券タイプ」ってどういうものですか？

**「回数券タイプ」は，自死によって頻繁に入れかわる細胞のことです。**
ヒトの**皮膚の細胞**がこのタイプですね。ヒトの皮膚の細胞は約4週間で入れかわります。このような細胞の寿命は，時間ではなく**分裂の回数**によって決まります。

分裂の回数？

細胞は分裂すると二つになります。
ヒトの細胞は，このような分裂を50 ～ 60回くりかえすと，老化して自死に至ります。

50 ～ 60回分の回数券をもっているということですか？

そういうことです。
ヒトの皮膚の場合，表皮の一番底に基底層という領域があり，この基底層の細胞が分裂して，新しい細胞を生みだします。
新しく生まれた細胞は，徐々に性質を変えながら押し上げられて，4週間ほどで皮膚からはがれ落ちます。

おお，いわゆる垢ですね。

この基底層の細胞は，無限に新しい細胞を生むことができるわけではなく，分裂できる回数に上限があるんです。

## ヒトの皮膚の細胞は回数券タイプ

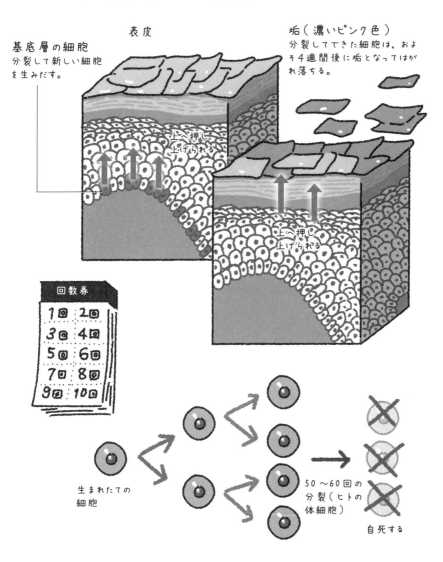

表皮

垢（濃いピンク色）
分裂してできた細胞は，およそ4週間後に垢となってはがれ落ちる。

基底層の細胞
分裂して新しい細胞を生みだす。

上へ押し上げられる

上へ押し上げられる

回数券
1回 2回
3回 4回
5回 6回
7回 8回
9回 10回

生まれたての細胞

50〜60回の分裂（ヒトの体細胞）

自死する

細胞の分裂回数の上限があるから「回数券タイプ」という
わけか……。

さて，ここまで見てきたように，ヒトの体は「定期券タイ
プの細胞」と「回数券タイプの細胞」でできています。
このうち，**生物の個体にとってとくに致命的なのは，あ
る程度の数の「定期券細胞」が死んでしまうことです。**

神経細胞や心筋細胞ですね。
たしか定期券細胞は，かえがきかないということですもん
ね。

ええ。
脳の神経細胞や心臓の心筋細胞は生命の維持に直結して
いるため，これらの「定期券細胞」が死んでしまうことは，
私たちが生きていくうえで重要な問題となります。
もちろん，皮膚細胞のような「回数券タイプ」の細胞の自
死が進みすぎることでも，個体は老化して死に至ります。

なるほど。
結局，どちらの細胞もヒトが生きていくために欠かせな
いってことですね。

そういうことです。
ところで，生物の中には，定期券タイプのみ，もしくは
回数券タイプのみで体ができているものもいるんですよ。

え？
そんな生物いるんですか？

たとえば，昆虫の成虫は定期券タイプの細胞だけでで
きています。

昆虫の成虫は，新たに分裂する細胞をもっていないため，
ケガをしても自力で治すことができません。

ああ……。

一方，プラナリアは，ほぼ回数券タイプの細胞だけで
できています。

プラナリアは切っても切っても再生することができます。
これは回数券タイプの細胞からできているからです。

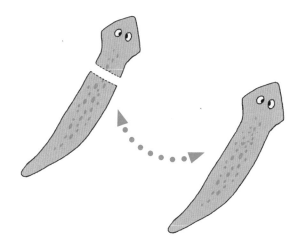

## 細胞は，ヤバくなったら自殺する

 細胞が老化したり，分裂の限界をむかえて自死する以外にも「アポトーシス」という死に方もあります。

 「アポトーシス」ってどういう意味なんですか？

 アポトーシスとは，ギリシア語で「葉や花が散る」という意味です。

 もとはギリシア語なんですね。
アポトーシスは，どうやっておきるんでしょうか？

 アポトーシスはホルモンやウイルス，放射線などのさまざまな刺激が引き金となっておこります。
これらの刺激を受けた細胞は，まず**カスパーゼ**いう，タンパク質を切りきざむ酵素を活性化させます（右のイラスト1，2）。

 タンパク質を切りきざむ……。
なかなか強烈ですね。

 カスパーゼが分解するタンパク質の中には，DNAを分解する酵素のはたらきをおさえこんでいるタンパク質も含まれています。

224

アポトーシスのしくみ

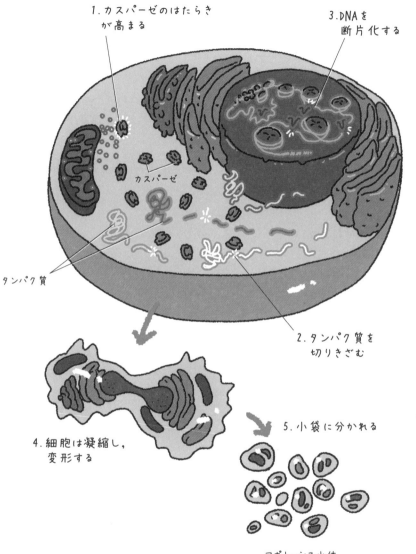

1. カスパーゼのはたらき
   が高まる

3. DNAを
   断片化する

カスパーゼ

タンパク質

2. タンパク質を
   切りきざむ

4. 細胞は凝縮し，
   変形する

5. 小袋に分かれる

アポトーシス小体

それはつまり，DNAが分解されるってこと!?
DNAって，すごく大事な物質ですよね？

そうです。DNAは**生命の設計図**ともいわれ，細胞が生きていくために必須の物質です。
DNAの分解を防ぐタンパク質がカスパーゼによって破壊されると，DNA分解酵素がはたらきだし，DNAがバラバラの断片にされてしまいます（前ページのイラスト3）。
**DNAが断片化されると，細胞が正常な機能をとりもどすことはありません。**

ということは，その時点で**死が決まる**わけですね。

そうです。
そして細胞はどんどんちぎれていき，最終的に小さな袋に分けられ，となり合う細胞や，**マクロファージ**という細胞に取りこまれます（前ページのイラスト4，5）。
マクロファージは貪食細胞とも呼ばれ，体の異物を取りこんで分解してしまう細胞です。

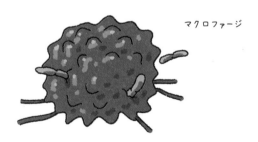
マクロファージ

226

刺激を受けてからアポトーシスが完了するまでどれくらいの時間がかかるんですか？

 おおよそ2〜3時間です。

 おぉ，速い！

 アポトーシスは，体の複雑な形をつくるときに利用されます。
たとえば手の指はその一例です。手の指って，5本に分かれた複雑な形をしていますよね。
これは，胎児だったときに，細胞で大きな手のかたまりをつくったあとに，指と指の間を埋めている細胞が，アポトーシスによって取り除かれるんです。

 へぇ〜っ！
まるで彫刻をつくっているみたいですね。
死というとネガティブなイメージでしたが，必ずしもそういうわけではないんですね！

## 「テロメア」が細胞の老化具合を決める

細胞分裂を頻繁に行う「回数券タイプ」の細胞は, 分裂回数の上限に至ると, 老化して増殖を停止し, やがて死にます。

たしか通常の細胞は, 50 〜 60回くらいしか分裂できないんでしたね。

そうなんです。
細胞分裂ができなくなった細胞は, もう二度ともとの状態にもどることはできません。
**歳をとると傷が治りにくくなったり, 貧血になりやすくなったりする原因の一つは, 肌をつくる細胞や血液をつくる細胞の中で, 老化して分裂ができなくなった細胞の割合が多くなったためだといえるのです。**
そして, このような回数券タイプの細胞の老化も, 私たちの寿命にも影響していると考えられています。

細胞の老化や死が, 私たち自身の老化や死につながるんでしたね。
いったいなぜ, 回数券タイプの細胞は無限に分裂できないんでしょうか?

細胞の分裂に上限がある原因の一つは, DNAの末端にある, テロメアという特殊な領域にあります。

そもそもDNAは，遺伝情報をつかさどる物質です。細長い2本の鎖が向かい合った二重らせん構造をしています。それぞれの鎖の上には，アデニン（A），グアニン（G），シトシン（C），チミン（T）の4種類の塩基という物質が並んでおり，この塩基の並び順で，遺伝情報を保存しているんです。

塩基は，遺伝情報を記した文字のようなものだといえるでしょう。

DNAの構造

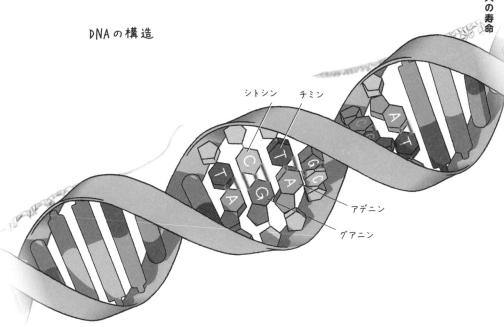

シトシン　チミン

アデニン

グアニン

それでテロメアっていうのは？

 DNAの末端の領域をテロメアといいます。テロメアとは，ギリシア語で「末端の部分」という意味です。
テロメアでは，T-T-A-G-G-G という六つの塩基からなる配列が，5000 〜 2 万個くりかえされています。

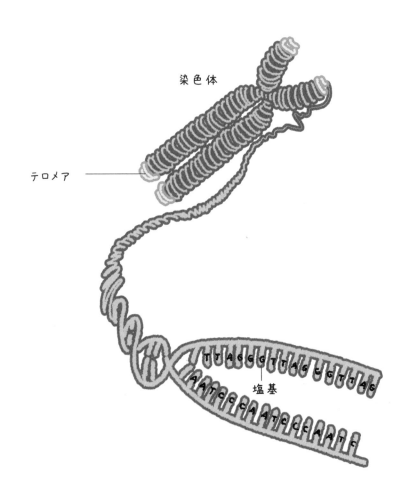

染色体

テロメア

塩基

## ひえ～！

不思議だなあ……。なぜ，そんなものがDNAの末端にあるんですか？

それは，DNAを保護するためです。

DNAの末端はそのままの状態で存在していると，端から削られて分解したり，DNAどうしが結合したりしてしまいます。

すると，細胞のがん化をはじめとした，さまざまな異常が生じてしまう可能性があるんです。

なるほど……。その末端を保護する役割をになっているのがテロメアだと。

そうです。DNAの末端を，キャップのように保護しているわけですね。

テロメアにはいくつかのタンパク質が結合して，特殊な構造をつくっています。このタンパク質が末端部分を保護して，余計な化学反応を防いでいるんです。

うまくできているなあ。

それで，そのテロメアが，細胞の分裂回数と何の関係があるんでしょうか？

DNAは，細胞が分裂するたびにコピーされます。

実はこのとき，テロメアは少しずつ削られて短くなっていくんです。

そして，**テロメアをつくっている塩基が5000個ぐらいま**
**で減って極限まで短くなると，その細胞は分裂を止め，**
**老化細胞になってしまうのです。**
つまりテロメアは，「細胞分裂の上限回数」を決めている
わけなんですよ。

 テロメアが，**細胞分裂の回数券の正体**だっ
たってことですね。

 一つの要因かもしれません。赤ちゃんと老人では，テロ
メアの長さが違うことがわかっています。

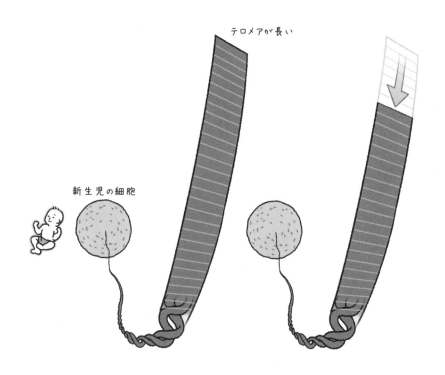

テロメアが長い

新生児の細胞

赤ちゃんの体から取りだして培養した細胞は，50回ほど分裂できます。

しかし，老人の細胞はそれよりも少ない回数しか分裂できません。

これはテロメアの長さが赤ちゃんの細胞では長く，老人の細胞では短いことで説明できます。

生まれたばかりの赤ちゃんのテロメアはとても長くて「新しい回数券」をもっているわけですね。

そして，これを一つずつちぎりながら，生きていくわけか。

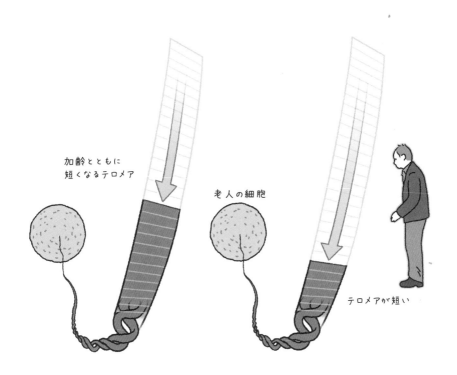

加齢とともに
短くなるテロメア

老人の細胞

テロメアが短い

また，テロメアの長さにはストレスも影響するようです。虐待などを受けた子供のテロメアが，短くなっていることを示す研究結果もあります。

ひどい……。

一方，体細胞の中にはごく一部，テロメアをもとにもどすことのできる細胞があります。それが，**幹細胞**という細胞です。

**幹細胞は，分裂して複数のタイプの細胞をつくりだす能力をもっており，死んだ細胞を新しい細胞で置きかえる役割をになっています。**

皮膚や腸，血球などの細胞は，日々死んでいきますが，こうして失われた細胞は，幹細胞が分裂してできる新しい細胞によって置きかわっていくのです。

なるほど，そうやって私たちの体は維持されていくんですね。

はい。幹細胞は，新しい細胞を生む**親**のような，特殊な細胞なのです。

幹細胞はなぜテロメアを元にもどせるんですか？

幹細胞は，削られたテロメアを元にもどす**テロメア合成酵素（テロメレース）**という酵素をもっているからです。

この酵素は，DNAがコピーされるたびに末端に塩基をつなげてDNAを伸ばす反応をおこします。

そのため，幹細胞ではテロメアが長く保たれ，本来の上限回数をこえて，分裂しつづけることができるんです。

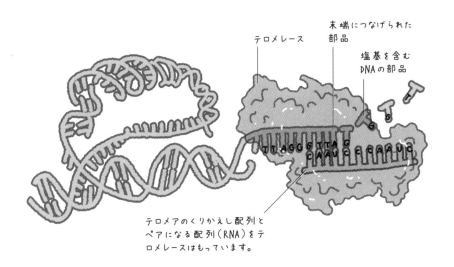

テロメレース

末端につなげられた部品

塩基を含むDNAの部品

TTAGGTTAG
CAAUCCGAAUC

テロメアのくりかえし配列とペアになる配列（RNA）をテロメレースはもっています。

 **へぇ～！**
じゃあ，幹細胞には寿命がないってことでしょうか!?

 いいえ，そういうわけでもありません。
幹細胞のテロメアも，徐々にではありますが短くなり，やがて分裂できなくなります。

 なるほど。永遠のものはないっていうことですね。
残念……。

幹細胞のテロメアが短くなる速度には個人差があり，その速度が，一人一人の老化の進みやすさや寿命に関係していると考える研究者もいます。

ただ，テロメアと個体の老化との関係は研究中で，まだはっきりとはわかっていません。たとえばマウスは，老化してもすごく長いテロメアを持っています。

## 「活性酸素」が細胞を老化させる

ここまで説明してきたように，皮膚や内臓，血液などの細胞は古くなると死んでいき，分裂でできた新しい細胞に置きかえられます。

一方，脳をつくる神経細胞や，心臓をつくる心筋細胞などの細胞は，基本的には新しい細胞に置きかわることはありません。

定期券タイプの細胞ですね。

はい。リフレッシュされることのない定期券タイプの細胞は，その人の寿命がつきるまで，今ある細胞がはたらきつづけます。

そして，これらの細胞が老化すれば，脳や心臓のはたらきが悪くなり，死に直結することになります。

ふむふむ。
このような定期券タイプの細胞は，どうして老化するんでしょうか？

これらの細胞の老化をもたらすのは，主に**老廃物の蓄積**や**タンパク質の劣化**，そして**DNAの傷**です。

DNAの傷……。

はい。DNAの傷については，STEP2でもまたくわしく取り上げますね。
これらは，**紫外線**や**有害物質**，そして**活性酸素**などの刺激によって引きおこされます。

紫外線や有害物質って，やっぱり体によくないんですね！
でも，この二つは意識すれば浴びるのを減らせそうです。

そうですね。
しかし，活性酸素は厄介です。
**活性酸素は細胞の中で発生するため，意識して減らすことができません。**

かっせいさんそって何ですか？

**活性酸素は，主に細胞内のエネルギー工場というべきミトコンドリアで発生する，反応性の高い酸素です。**
ミトコンドリアでは，食事で得た栄養を燃料にして，ATPを生産しています。このとき副産物として活性酸素が生じてしまうんです。
活性酸素は，とくにはたらきの悪くなったミトコンドリアから多く放出されることがわかっています。

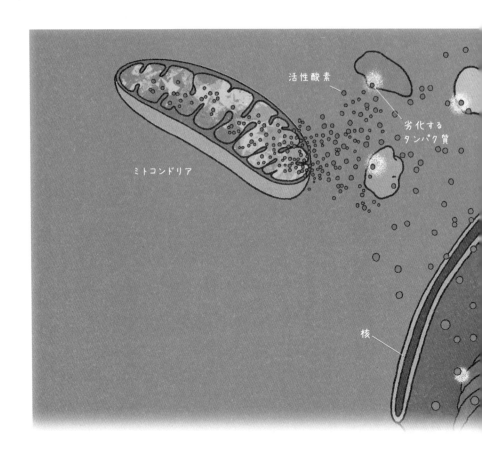

活性酸素

劣化する
タンパク質

ミトコンドリア

核

 活性酸素ができるとどうなるんですか？

 **活性酸素は，細胞の中にあるタンパク質などのさまざまな物質と結合（酸化）し，劣化させます。さらに，細胞の核にあるDNAに傷をつけます。**
その結果，細胞の機能が低下します。これが，細胞の老化です。**脳や心臓にかぎらず，体のすべての細胞は活性酸素によって老化していくのです。**

活性酸素が，
DNA に傷をつくる

DNA

そういえば，健康食品のなかに「抗酸化物質を含む」とうたって，アンチエイジング作用を強調するものもありますよね。

そうですね。活性酸素を消去する抗酸化物質としては，ビタミンCやβカロテンがその代表です。
ただし，ヒトの寿命を伸ばす効果については，科学的・医学的に検証することはむずかしく，実際にそのような効果が証明されたものは，今のところありません。

細胞では必ず活性酸素が生じるから，だれも細胞の老化からは逃れられない，ということなんですね……。

## がんは，テロメアを操作して不死化する

さて，ここで細胞の老化によっておきる病気について，二つご紹介しましょう。
**がん**と**アルツハイマー病**です。

どちらも恐ろしい病気ですね。

ええ。
まず，がんは日本人の死因の約30％を占める病気です。
がんによる死亡率は，子供や若い人では低く，年齢とともに高くなります。
日本では，70歳以上のおよそ半数ががんになり，さらにその約半数が亡くなっています。

高齢者でがんが増えるのは，細胞が老化するから，ということでしょうか？

そうです。
**がんはDNAに傷が蓄積することで引きおこされるんです。**
DNAの傷は，先ほど説明したように紫外線や有害物質，そして活性酸素などによって生じます。

さらに，たとえこれらがなくても，細胞が分裂するときにDNAの**コピーミス**が発生する場合があり，それもDNAの傷につながります。

また，高齢者では免疫機能が低下し，がんを取り除けなくなることも，高齢者でがんが増える理由の一つです。

DNAの傷の蓄積が，なぜがんにつながるんですか？

**DNAの傷によって細胞の正常な機能が失われると，細胞が異常に分裂・増殖するようになってしまうことがあるんです。これが，がんです。**

がんは，正常な細胞や臓器をおかし，最悪の場合，死に至ります。

DNAに傷が入るとがんになるのか……。こわいな。

なお，がんの元になるような異常な細胞は日々生まれています。しかし，通常はアポトーシスで自死するため，がんになることはありません。

**アポトーシスを引きおこす能力が失われたときにはじめて，がんになるんです。**

なるほど，がん細胞は死ねなくなって，無限に増殖してしまうんですね。恐ろしい！

**あれ？** でもちょっと待ってください。細胞って分裂できる上限が決まっていましたよね？

それに，高齢者の細胞ががんになっても，テロメアが短くなっているから，たいして分裂して増殖できないんじゃないんですか？

おおー。　鋭いご指摘！
ところがですね，がん細胞はテロメアを伸ばすテロメレースをもっていることが多いんです。
がん細胞はテロメアの長さを保てるため，無制限に分裂をつづけることができます。

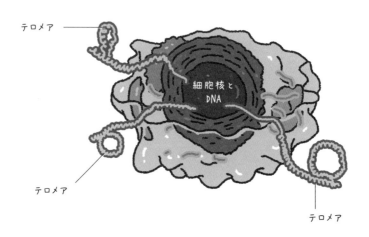

テロメア

細胞核と
DNA

テロメア

テロメア

 ええっ，がんもテロメレースをもってるんですか!?
がん細胞って，ずるい。どうにかやっつける方法はないんでしょうか？

 現在行われているがん治療のひとつに **抗がん剤** を使った治療があります。
これは，がん細胞の増殖を止めたり，DNAの複製を止めることでアポトーシスを誘発する薬剤です。

抗がん剤は，副作用も大きいといいますよね。

ええ。こうした薬剤は，さかんに分裂をしている正常な細胞にも作用してしまいます。
たとえば，毛根の細胞にも作用してしまうので，抗がん剤の治療では，脱毛の副作用が生じてしまうわけです。

正常な細胞の増殖もさまたげてしまうのか……。

そこで，副作用の少ない，さまざまな新しいがん治療薬の開発が進められています。

おお！

たとえば，アポトーシスのしくみを利用した治療薬です。アポトーシスがおきるとき，細胞の中では**カスパーゼ**という酵素がはたらきます。

ああ，タンパク質を片っ端から切りきざんで分解してしまうという，はげしい酵素でしたよね。

実は細胞内には，このカスパーゼのはたらきを抑制する**IAPタンパク質（アポトーシス抑制タンパク質）**という物質があることがわかっています。
**アポトーシスがおきないがん細胞では，カスパーゼの活性は高いのに，それを抑制するIAPタンパク質が多すぎるため，"死ねない"状況になっていることがあるんです。**

細胞内に，アポトーシスをじゃまする物質が存在するんですね。

 そうです。
**そこで，アポトーシスにストップをかけるIAPタンパク質のはたらきをじゃまする薬剤が開発できれば，正常な細胞に悪影響をあたえず，異常ながん細胞だけをねらい撃ちできるかもしれません。**
また，そのほかにも，体内にそなわる免疫のしくみを利用した治療薬など，さまざまな試みがなされています。

 素晴らしい。今後の研究に期待ですね！

## 老化が早く進んでしまう
# 早老症

「早老症」といわれている病気があります。白髪やしわなどの見た目の老化が急速に進むほか，白内障やがんなどの病気を早期に発症し，若くして亡くなってしまうこともあります。

早老症には，いくつかの種類があります。病気の原因は，本来細胞にそなわっている，DNAの傷を修復するしくみや，染色体を安定化させるしくみに異常があることが多いようです。原因の遺伝子は特定されていますが，根本的な治療法は見つかっていません。

早老症の一つで，指定難病にも認定されているウェルナー症候群は，DNAを修復する際にはたらく遺伝子の異常が原因とされています。

## 脳細胞の死が進みすぎるアルツハイマー病

「死がおさえられることによっておきる病気」ががんだとすれば，**アルツハイマー病**は「死が進みすぎることによっておきる病気」です。

アルツハイマー病って，認知症を引きおこす病気ですよね。

ええ。**アルツハイマー病は，大脳の神経細胞が急激に死んでいってしまう病気です。**
アルツハイマー病になった人の脳は萎縮し，記憶力だけでなく，思考能力や行動能力までもが失われ，日常生活を送ることが困難になります。
右のページの上のイラストは，健康な人の脳と，アルツハイマー病の人の脳を比較したものです。

脳がちぢんでしまうのか。神経細胞は分裂しないから，死んでしまったら取りかえがきかないんですね。

ええ。そうなんです。
アルツハイマー病は，脳内に**アミロイドβ**などの有害なゴミがたまることが原因だと考えられています。
**アミロイドβの蓄積は，アルツハイマー病を発症する10～30年前からすでにはじまっているようです。**
高齢者が発症することの多いアルツハイマー病ですが，40代くらいのころから，アルツハイマー病は忍び寄っているといえるでしょう。

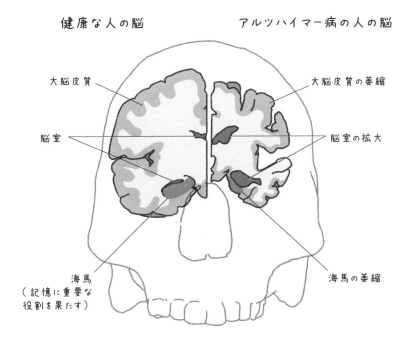

健康な人の脳　　　アルツハイマー病の人の脳

大脳皮質

脳室

海馬
（記憶に重要な
役割を果たす）

大脳皮質の萎縮

脳室の拡大

海馬の萎縮

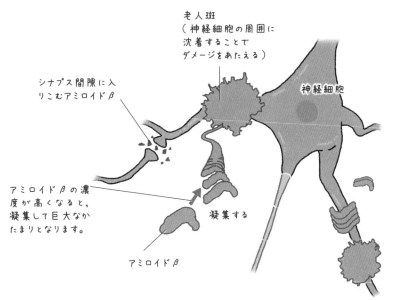

老人斑
（神経細胞の周囲に
沈着することで
ダメージをあたえる）

シナプス間隙に入
りこむアミロイドβ

神経細胞

アミロイドβの濃
度が高くなると，
凝集して巨大なか
たまりとなります。

凝集する

アミロイドβ

巨大なかたまりとなったアミロイドβは，
神経細胞を傷つけます。

恐ろしい病気ですね。
アルツハイマー病はどうやって治療するんですか？

アルツハイマー病の根治は非常に困難です。
これまで，アルツハイマー病の治療には，神経細胞の死を止める薬ではなく，残った神経細胞どうしのつながりを維持するための薬が主に使われてきました。

根本的な原因を治療できる薬ではないわけですね。
神経細胞の死を食い止める薬はないんですか？

2021年6月に，はじめてそのような薬がアメリカFDA（食品医薬品局）に承認されました。
それが**アデュカヌマブ**です。
**アデュカヌマブは，蓄積したアミロイドβに結合し，分解をうながす新薬です。**
アミロイドβを減少させることで，神経細胞の死自体を食い止めようとするわけです。

おぉ！ 死を食い止める薬！

ただ，その効果についてはまだはっきりとしておらず，今後も検証していく必要があります。

## 脳の病気を発見，アロイス・アルツハイマー

　記憶力などの脳の認知能力が急速に失われるアルツハイマー病。この病気をはじめて報告したのがドイツの医学者，アロイス・アルツハイマー（1864 〜 1915）です。

　アルツハイマーは，1864年，ドイツのマルクブライトで生まれました。いくつかの大学で医学を学び，1887年にヴュルツブルク大学で医学の学位を取得しました。

　医師となってからは，躁うつ病や統合失調症をはじめとした，精神医学や神経病理学の臨床研究を行いました。

　アルツハイマーの仕事仲間には，顕微鏡観察にくわしい，医学者，フランツ・ニッスル（1860 〜 1919）がいました。のちのアルツハイマー病の発見には，ニッスルの影響が少なからずあったといわれています。

### 記憶力の低下がひどい患者と出会う

　1901年，アルツハイマーはある患者と出会います。妄想や記憶力の低下などをうったえるアウグステ・データーです。当時データーは51歳でした。

　データーの病状はその年齢にしては異常で，ペンや鍵など簡単な単語，さらには自分の名前さえも忘れてしまうほどでした。また，誰かに殺されるという妄想もあったようです。

　1906年4月，データーは56歳で亡くなりました。アルツハイマーは死後，彼女の脳を解剖し，顕微鏡で検査しました。すると，今日老人斑として知られる構造や，神経線維の異常など，アルツハイマー病に特有の異常を発見したのです。

## 師匠によって，病気に名前がつけられた

　アルツハイマーはすぐさまこれらの結果をまとめ，1906年11月にドイツ医学会に報告しました。しかし，このときはアルツハイマーの報告が大きな注目を集めることはありませんでした。

　アルツハイマーの報告ののち，同様の症例がいくつか報告されるようになりました。そして，1910年，アルツハイマーの師匠にあたるエミール・クレペリン（1856 ～ 1926）が，この疾患を「アルツハイマー病」と名づけ，著書で発表します。これによって，この病気が広く認められるようになりました。

　クレペリンの発表から5年後の1915年，アルツハイマーは心不全のために，51歳で亡くなりました

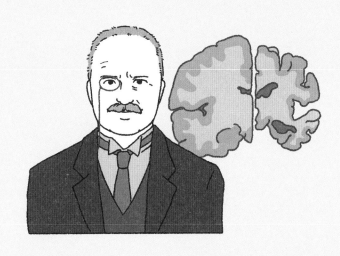

# STEP 2

## 寿命はなぜ生まれた？

生き物の命には限りがあります。最後に，人類が追い求める永遠のテーマ「寿命」について，さまざまな角度から見ていきましょう。

## 人類は死をどこまで遠ざけられるのか？

さて，いよいよ最後のSTEPです。
この3時間目STEP2のテーマは寿命です。

寿命かぁ。気になるなぁ。
だいたい人の寿命は70歳〜80歳くらいですよね？

そうですね。国連の統計によれば，2019年の世界の平均寿命は72.6歳です。
しかし，もし今，200年ぐらい前の人が現代にタイムスリップして，「人類の平均寿命が70歳をこえている」と知ったら，とてもびっくりするにちがいありません。

そんなにおどろくほどですかね？
うちの隣に住んでるおじいさんなんか，70歳以上ですけど，元気にジョギングしているし，いくら200年前といっても70歳ごえの人はたくさんいたでしょう。

実は，今から200年前の1800年の人類の平均寿命は約30歳で，どの国も40歳に満たなかったのです。

## ええっ‼

30歳，40歳って，まさにはたらき盛りじゃないですか⁉
そんなまさか〜！

ホントですよ。次のグラフは，平均寿命の推移です。

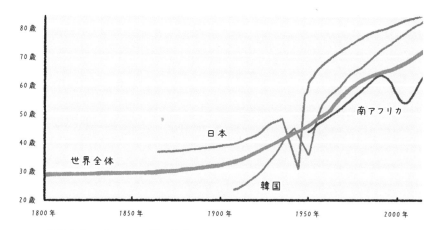

平均寿命のグラフには，国の歴史がきざまれている

世界全体（太い赤線）の平均寿命は，1800年ごろに約30歳だったのが2019年には72.6歳となり，2倍以上のびた。日本（灰色）は第2次世界大戦で平均寿命が大きく落ちこみ，1945年の終戦後に大きく回復した。韓国（赤）も朝鮮戦争（1950年〜　）の時期に平均寿命が下がった。南アフリカ（茶色）では1990年〜2000年代にエイズなどで平均寿命が低下したが，近年は回復傾向にある。

わー，本当だ。

人類は，200年で平均寿命を2倍以上に伸ばしたことになります。

なぜそんなに平均寿命が伸びたんでしょう？

 要因の一つに，新生児や子どもの死亡率が下がったことがあげられます。
1800年の5歳未満の子どもの死亡率は世界で約43%。その最大の原因は感染症でした。その後，5歳未満の子どもの死亡率は1950年に22.5%へと半減し，2015年には4.5%にまで下がったのです。

 1800年には半数近くが5歳未満で亡くなっていたんですね……。

 アフリカの一部の国々では，現在でも5歳未満の子どもの死亡率が10%をこえています。
世界全体で取り組む持続可能な開発目標（SDGs）では，2030年までに，世界のすべての国で5歳未満児の死亡率を2.5%以下にすることをめざしています。

 日本は今，どうなっているんですか？

 日本は，世界で最も長寿な国です。WHOが2019年に発表した統計によると，日本の平均寿命は84.2歳です。日本にかぎらず，先進国などの豊かな国では，医療や衛生環境，栄養状態が大きく改善し，すべての年代の死亡率が下がって，平均寿命が大きく伸びました。しかし，経済的に貧しい国や地域では，平均寿命の伸びは大きくありません。平均寿命が最も短い国は中央アフリカ共和国の約53歳です。なんと，日本より30年も短いのです。

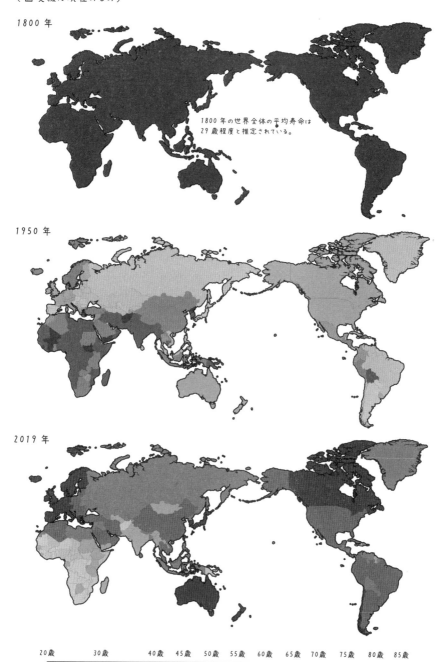

世界各国の平均寿命をあらわした地図
（国境線は現在のもの）

1800 年

1800 年の世界全体の平均寿命は
29 歳程度と推定されている。

1950 年

2019 年

20歳　　30歳　　　40歳　45歳　50歳　55歳　60歳　65歳　70歳　75歳　80歳　85歳

30年も!?
経済格差は寿命にも大きな影響をあたえているんですね。

とはいえ，世界全体で見ると，平均寿命はさらにのび
つづける傾向にあります。
その一方で，世界最高齢の記録は1997年から更新され
ていません。

その最高齢者はいくつなんですか？

フランスの女性ジャンヌ・カルマン（1875 ～ 1997）の
122歳です。
また2016年，アメリカ，アルバート・アインシュタイン
医科大学の研究グループは，世界統計を分析した結果，「人
間の限界寿命は115~125歳である」としています。

このあたりが，人類の寿命の限界か……。
200歳を目指すのは不可能なんですね。

## 大腸菌には寿命がない

さて，ここからはなぜ**寿命**なんてものが生まれたのかを考えていきましょう。

それはSTEP1で説明があったように，細胞が老化してしまうからじゃないんですか？

そうですね。たしかにヒトは細胞が老化してしまうため，いずれ寿命を迎えて死んでしまいます。
しかし，寿命がない生き物だっているんですよ。

**ええっ！** 寿命がない生き物!?
それだったら，地球上はその生き物ばっかりになっちゃうんじゃないですか？ その生き物は一体何なんです？

ズバリ，**大腸菌などの細菌です！**
大腸菌は栄養があるかぎり，分裂してどこまでも数を増やすことができます。そのうえ，分裂には限界がなく，自死をすることもありません。

分裂に限界がない？　テロメアはないんですか？

 大腸菌のDNAは，両端がつながった環状をしているんです。ですからテロメアがないんですね。

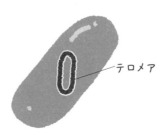
テロメア

 そもそもテロメアがないとは！

 もちろん栄養がなくなった場合など，事故死はしますが，大腸菌は基本的に不死だといえるでしょう。

## 寿命は有性生殖からはじまった

最初の生命が誕生してからおよそ20億年間，地球にいた生物は大腸菌のような生物だけで，分裂で増えていたと考えられています。

**つまり20億年の間，みずからは死ななかったんです。もちろん環境の変化や栄養不足などでたくさん死んではいましたが，寿命みたいなものはなかったかと。**

地球上の生物にはもともと寿命がなかった!?

そうなんです。
しかし，**生命誕生から約20億年後，自死のしくみをもつ生物があらわれました。**

なぜ自死するようになっちゃったんだろう。
そうでなければ永遠に生きつづけられたのに。

では，これからその謎にくわしくせまっていきましょう。
まず，自死のしくみをもたない生物ともつ生物には大きなちがいがあります。
それは，**性があるかどうか，という点です。**

性？

はい。先ほどお話しした，自死のしくみをもたない大腸菌のような生物は，単独で分裂によって増えるため，雄と雌を必要としません。

**大腸菌は，遺伝子のセットを一つだけもっており，分裂する前に，あらかじめ遺伝子のセットをコピーして2セットにしておき，分裂するときに1セットずつ分配するのです。**

このような生物を**1倍体生物**といい，このような繁殖のしくみを**無性生殖**とよびます。

無 性 生 殖

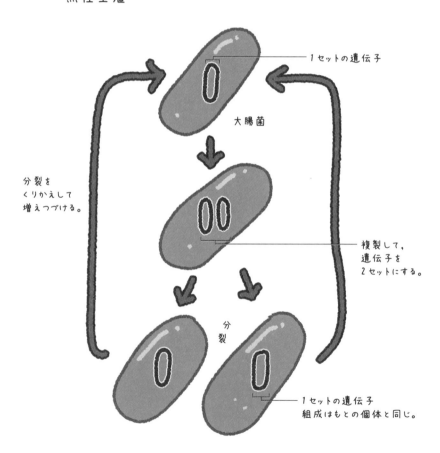

1セットの遺伝子

大腸菌

分裂を
くりかえして
増えつづける。

複製して，
遺伝子を
2セットにする。

分裂

1セットの遺伝子
組成はもとの個体と同じ。

一方，私たち人間をはじめ，多くの高等生物は，雄と雌の**二つの性**に分かれています。

**子供は両親のそれぞれから遺伝子のセットを一つずつ引きつぎます。そのため，遺伝子のセットを二つもっています。**

このような生物を**2倍体生物**といい，雄と雌の両方を必要とする生殖方法を**有性生殖**といいます。

有 性 生 殖

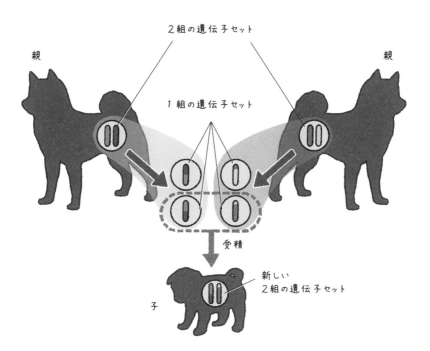

2組の遺伝子セット

親

1組の遺伝子セット

親

受精

新しい
2組の遺伝子セット

子

そしてなんと，**死のしくみは，2倍体生物，すなわち有性生殖をする生物にそなわるしくみなのです！**

2倍体生物が死のしくみをもつ……？
でも，ちょっと待ってください。その前に，そもそもなぜ性をもつ2倍体生物なんてものが生まれてきたんでしょう？
2倍体生物は，子供をつくるために，雄と雌の両方が必要ですよね。分裂して，単独で増えることのできる1倍体生物にくらべると，圧倒的に不利なように思うんですが。

いい質問ですね！
それは死のしくみを獲得した理由ともつながると考えられています。
**2倍体生物の有利な点，それはずばり，多様性をつくりだせることなんです。**

# たようせい？

そうです。
1倍体生物の無性生殖の場合，分裂してできた個体がもつ遺伝子セットは，もとの個体とまったく同じものです。
ですから，いくら増えようが，**一つの個体のクローンが増えていくだけ**です。

たしかに，遺伝子をそのままコピーしているんだから，二つに分かれようが同じものになりますよね。

一方，２倍体生物による有性生殖では，**雄の生殖細胞（精子）と雌の生殖細胞（卵子）の合体によって，新しい個体がつくられます。**

精子と卵子が受精するわけですね。中学で習った記憶が。

そうです。そして実は，生殖細胞が親の体でつくられるとき，親のもつ祖父母から引きついだ２セットの遺伝子が，ばらばらに混ぜ合わさるんです。そして，１セットの遺伝子が一つの生殖細胞に分配されます。

## 混ぜ合わさる??
むずかしくてよくわかりません。

さらにくわしく説明しましょう。
遺伝子はDNA上に保存されています。このDNAは，細胞の中では折り畳まれて，染色体という構造となって，細胞の核に収納されています。

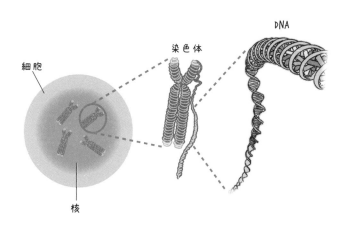

DNA

染色体

細胞

核

ヒトの場合，一つの細胞の中に，染色体が**46本**存在しています。このうちの23本は父親からもらったもの，あとの23本は母親からもらったものです。

ふむふむ。私の体のすべての細胞の中には，父と母の両方からもらった，23対の染色体があると。

そういうことです。

そして**体細胞**が分裂するときは，すべての染色体を二つにコピーしてから，二つの細胞に分配します。

つまり，新しい細胞の中にも，46本の染色体が過不足なくすべて含まれるわけです。

そうやってだんだんと大きくなっていくわけですね。

ところが精子や卵子といった**生殖細胞**の場合は話がちがいます。次のイラストを見てください。

親は，祖父由来の染色体と祖母由来の染色体を23本ずつ，計46本もっています（1）。

親の体で生殖細胞がつくられるとき，祖父由来の染色体と祖母由来の染色体がつぎはぎにされます。そして，**23本の染色体**が一つの生殖細胞に分配されるんです（2）。

ですから，**精子と卵子は体細胞の半分の本数の染色体しかもっていません。精子と卵子が受精してはじめて，46本の染色体になるんです（3）。**

これが子供の染色体です。

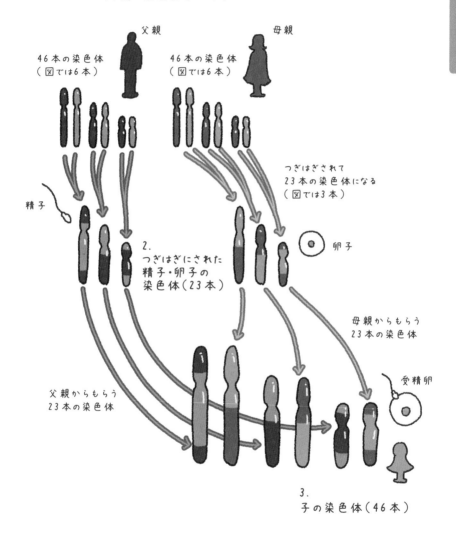

1.
両親の染色体（46本）

父親　　　　　　　　母親

46本の染色体　　　46本の染色体
（図では6本）　　　（図では6本）

つぎはぎされて
23本の染色体になる
（図では3本）

精子

2.
つぎはぎにされた
精子・卵子の
染色体（23本）

卵子

母親からもらう
23本の染色体

父親からもらう
23本の染色体

受精卵

3.
子の染色体（46本）

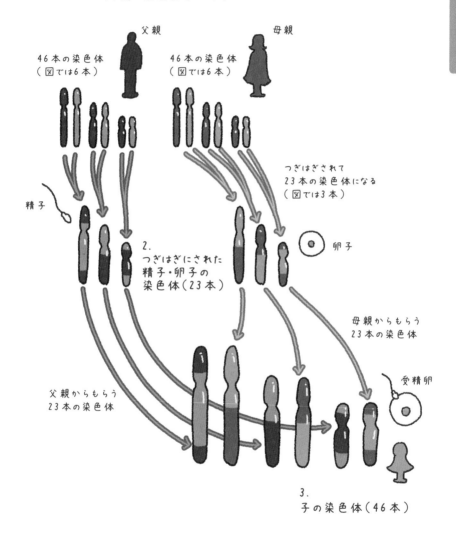

なるほど。
それが「混ぜ合わせる」ということか。

そうです。**生殖細胞がつくられるときに，染色体がシャッフルされてしまうわけなんです。そのパターンは精子・卵子ごとにことなります。**
そのため，たとえ兄弟であっても，もっている遺伝子の組み合わせにちがいが出ます。
すなわち，**有性生殖で生まれた子供は，ほかのだれともちがう遺伝子セットをもつことになるんです！**

## ほかのだれともちがう……。
なんだか感動。

こうして，**子供がもつ遺伝子セットのバリエーションは非常に豊富になるのです。**
これは，暑さや寒さ，病気に対する抵抗力などが少しずつことなる個体が生まれることを意味しています。
すなわちこのしくみによって，多様性が生まれるんですよ！

そういうことですか！
いやぁ，少しずつちがう遺伝子の組み合わせをもつことで多様性が出ることはよくわかりました。
でも，多様性があると，何がいいんでしょうか？
遺伝子の組み合わせが変わるのって，危険ではないんですか？　親とまったく同じ遺伝子をもっていたほうが安全な気がしますけど。

いいえ，遺伝子セットに多様性がないと，非常に**危険**です。なぜなら，生命をとりまく環境が常に変化しつづけているからです。

環境が変わった場合，その変化に適応できなければ，生物種は絶滅してしまいます。

しかし，少しずつちがった個体を常につくりだしておけば，その中には環境の変化に適応して，生き残るものもいるかもしれません。

**つまり，多様性をもつことは，生物種が全滅してしまう可能性を低くすることができるのです。**

**なるほど。** 深いですね。

環境が変わったときに対応できるように，いろんな個体をつくっておく，というのが有性生殖の**戦略**というわけなんですね。

その通りです。

いってみれば，親の世代よりも，より遺伝子がシャッフルされた子の世代のほうが多様性が高いので，生き残るうえでは優秀なんですね。

ですから，子が育ってさえしまえば，親は不要となります。そこで，**親が死ぬことにより，子に栄養や環境などのリソースを割けるように死がプログラムされている，と考えられるわけです。**

これが，**"死"がある理由なのか……。**

ようやく，たどりつきました。

死って，生物が生き残るためのものでもあるわけか。

# クマムシは不死身!?

　クマムシは，体長１ミリメートルもない，小さな水生生物です。クマムシの体内の水分量は80パーセントほどあり，周囲が乾燥すると水分量を数パーセント以下にまで減らして小さく縮み，「乾眠」という状態に入ります。

　クマムシは，乾眠状態のあいだ，一切の生命活動を停止します。そして，乾燥のほか，超高温や超低温，真空，高圧など，あらゆる極限の環境にも耐えます。水をあたえると，体の大きさがもどって，活動をはじめます。通常の状態では，クマムシの寿命はせいぜい１年半ほどです。しかし乾眠状態では30年以上生きながらえることもあるようです。

　なお，乾眠に入る前に急激な環境変化をあたえると，細胞内の準備が間に合わず，死んでしまいます。

## ゾウリムシは原始的な寿命をもつ

さて，ここまで説明してきたような死のしくみは，生命の歴史とともに，進化してきたと考えられています。

死のしくみが進化？

ええ。実は，2倍体の単細胞生物で，より原始的と考えられる死のしくみをもつ生物がいるんです。
それが，ゾウリムシです。

ゾウリムシ！
中学生のとき，庭の池の水を顕微鏡で観察して，ゾウリムシを発見した覚えがあります！

ゾウリムシは身近にいる生物ですが，性と死のしくみをもつため，よく研究されている生き物でもあるんですよ。

ゾウリムシにも性があったんだ。

ええ。**ゾウリムシはなんと，無性生殖と有性生殖の両方で増えることができるんです。**
ここからゾウリムシの増え方についてくわしく説明していきますね。
まず，ゾウリムシは，大核と小核という二つの核をもっています。核には，遺伝情報をになうDNAが収められています。

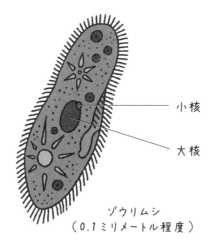

小核

大核

ゾウリムシ
（0.1ミリメートル程度）

なに!?　二つも核をもっているなんて贅沢だな。

ゾウリムシの生命活動に必要な情報は大核に収められているので、小核がなくなっても生きられます。でも、小核がないと、**有性生殖**ができません。

ほお。

通常ゾウリムシは、大核と小核の両方をコピーして、無性生殖（分裂）で増えます。

しかし、600 〜 700回ほど分裂すると異常がおきて死んでしまうんです。

えっ。大腸菌とちがって不老長寿じゃないんだ。

 ええ。ただし，**死ぬ前に有性生殖をすれば，また命をつなぐことができるんです。**

 わー！　どういうことなんですか!?

 ちょっと複雑ですが，次のページのイラストを見てください。これは，ゾウリムシの有性生殖のし方をえがいたものです。
まず，2匹のゾウリムシが接合すると（1），小核が二つに分離し，そのうち一方を接合の相手と交換します（2）。

 まずは，小核の半分を交換っと。

 その後，個体が分かれ，もともともっていた小核と相手からもらった小核が合体して，新しい一つの小核になります（3）。

 ふむふむ。相手の小核と自分の小核を半分ずつ足し合わせるんですね。

 すると，これまで使われていた大核がばらばらの断片になって，消えてなくなります。
そして，新しい小核の一部から，新たな大核がつくりだされるんです（4〜5）。
このようにして，遺伝子セットを新しくすれば，また600〜700回分裂できるようになります。

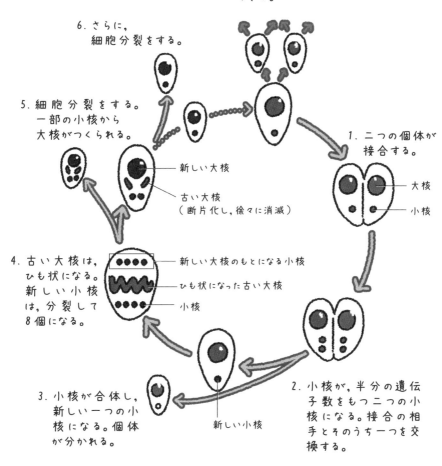

0. ゾウリムシは無性生殖（分裂）でもふえることができる。

6. さらに，細胞分裂をする。

5. 細胞分裂をする。一部の小核から大核がつくられる。

新しい大核

古い大核（断片化し，徐々に消滅）

1. 二つの個体が接合する。

大核

小核

4. 古い大核は，ひも状になる。新しい小核は，分裂して8個になる。

新しい大核のもとになる小核

ひも状になった古い大核

小核

3. 小核が合体し，新しい一つの小核になる。個体が分かれる。

新しい小核

2. 小核が，半分の遺伝子数をもつ二つの小核になる。接合の相手とそのうち一つを交換する。

273

ほぉ。新しい小核から新たな大核がつくられるのか。

ええ。**有性生殖を行うと，小核が次の世代に引きつがれ，古い大核は消失するんです。**
これは，われわれの有性生殖と似ていませんか？

えっ，全然！
どこが似ているんですか？

私たちの場合，精子や卵子といった生殖細胞が次世代に引き継がれる一方で，体は死のしくみによって消失します。生殖細胞と体細胞の関係は，小核と大核の関係に非常に似ているでしょう。
このことから，死のしくみは，ゾウリムシのような2倍体の単細胞生物に端を発しており，それが進化して，現在の私たちのもつ死のしくみになったと考えられているんですよ。

私たちに寿命があるのは，もとをたどれば，ゾウリムシのような生物に行き着くんですか！？
死って，生命の長い歴史の中で育まれてきたしくみでもあったんですね。

## 植物は不死になれる

さて，ちょっと脱線しますが，**植物の死**についても，少しだけお話ししておきましょう。
植物は，不死になれる可能性を秘めた生物なんです。

# 不死になれる!?

たとえば，植物から一部の組織を切りだして，成長を調整するホルモンを使って培養します。
すると，細胞が増殖して，細胞のかたまりができます。これを**カルス**といいます。

ふむ。

さらに，このカルスにホルモンと養分をあたえると，なんと完全な個体ができあがります。いわば，**植物のクローン**です。このような「個体をつくりだせる能力」を**全能性**といいます。
つまり，植物の細胞には，全能性がそなわっているんです。

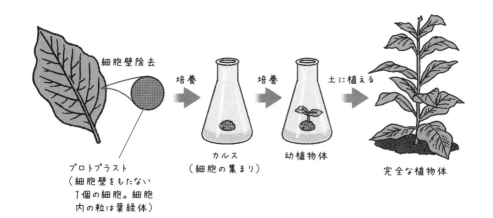

細胞壁除去

培養

培養

土に植える

プロトプラスト
（細胞壁をもたない
1個の細胞。細胞
内の粒は葉緑体）

カルス
（細胞の集まり）

幼植物体

完全な植物体

 全能性？
言葉だけだと**神**みたいですね。

 ここでちょっと考えてみてください。組織を切りだして
カルスにし，また個体に成長させることをくりかえす
……。すると，そこには，「死」は存在しないことになり
ませんか？

 たしかに！

 つまり，植物は不死になれる可能性を秘めているといえ
るでしょう。

 じゃあ，植物は死のしくみをもたない……？

いいえ，そんなことはありませんよ。
植物も**アポトーシス**をおこすことがわかっています。
ウイルスに感染したときは，感染部位をアポトーシスで
自死させて，ウイルスとともに"心中"し，感染の広がり
を食い止めています。

死のしくみをもっているのに，不死にもなれるのか。
植物ってすごいなぁ。
私たちの体も，一部をとってきてまた人間にするような
ことってできないんですか？
倫理的には許されないと思いますけど。

そうですね。植物とちがって動物の体細胞は全能性を失
っているので，植物と同じようなことはできません。
ちなみに，全能性ではなく**多能性**であれば，特殊な技術
を使えば取りもどすことができます。

多能性？

**多能性とは，「さまざまな組織や臓器の細胞になれる能
力」です。**
体の細胞を使って，多能性を人工的に取りもどさせた細
胞が，近年注目されているiPS細胞です。

ああ，聞いたことあります！

iPS細胞から個体をつくりだすことはできませんが，体の
さまざまな種類の細胞をつくりだすことができます。

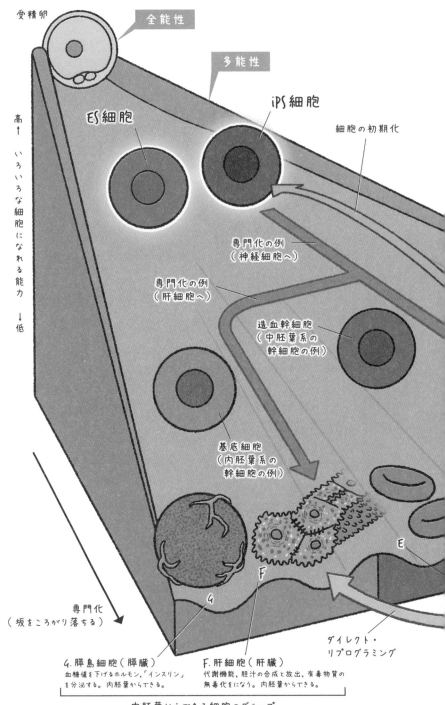

受精卵

全能性

多能性

iPS細胞

ES細胞

細胞の初期化

高↑ いろいろな細胞になれる能力 ↓低

専門化の例
（神経細胞へ）

専門化の例
（肝細胞へ）

造血幹細胞
（中胚葉系の
幹細胞の例）

基底細胞
（内胚葉系の
幹細胞の例）

E

F

G

専門化
（坂をころがり落ちる）

ダイレクト・
リプログラミング

G. 膵島細胞（膵臓）
血糖値を下げるホルモン、「インスリン」
を分泌する。内胚葉からできる。

F. 肝細胞（肝臓）
代謝機能、胆汁の合成と放出、有毒物質の
無毒化をになう。内胚葉からできる。

内胚葉からできる細胞のグループ

さまざまな組織幹細胞

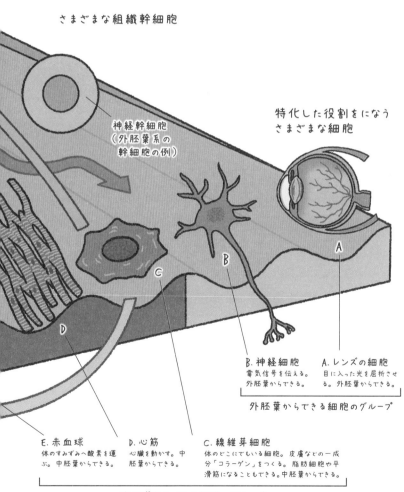

特化した役割をになう
さまざまな細胞

神経幹細胞
（外胚葉系の
幹細胞の例）

B. 神経細胞
電気信号を伝える。
外胚葉からできる。

A. レンズの細胞
目に入った光を屈折させ
る。外胚葉からできる。

外胚葉からできる細胞のグループ

E. 赤血球
体のすみずみへ酸素を運
ぶ。中胚葉からできる。

D. 心筋
心臓を動かす。中
胚葉からできる。

C. 線維芽細胞
体のどこにでもいる細胞。皮膚などの一成
分「コラーゲン」をつくる。脂肪細胞や平
滑筋になることもできる。中胚葉からできる。

中胚葉からできる細胞のグループ

# 不老不死の生き物，
# ベニクラゲ

　不老不死とされる，不思議なクラゲがいます。「ベニクラゲ」です。通常のクラゲは，雄と雌が生殖行動を行って，両者の遺伝子を受けつぐ子孫を残します。そして卵から生まれた子供はポリプという状態を経て，成熟した個体となります。一方親は，寿命をむかえて死にます。ところがベニクラゲは，老いて死ぬことはなく，自分自身が子供の状態へと若返ることができるのです。

　ベニクラゲも，通常はほかのクラゲと同じように増えます。しかし寿命が近づくと，成熟したクラゲの状態から，未成熟なポリプの状態に若返ります。ポリプになると，イソギンチャクのような姿になり，岩などにくっつきます。そして時間がたつと，このポリプが元のクラゲの姿になるのです。

　ベニクラゲだけがなぜ若返ることができるのかは，まだわかっていません。

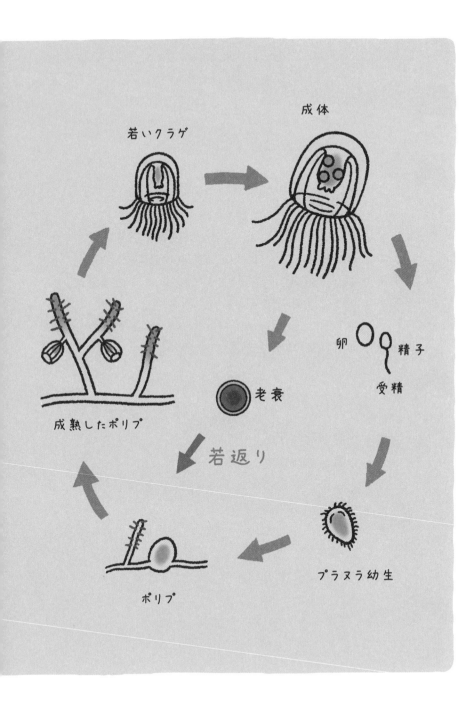

若いクラゲ

成体

卵 精子

受精

老衰

成熟したポリプ

若返り

ポリプ

プラヌラ幼生

## DNAには傷がたまりつづける

死の意義について，もう少し考えていきましょう。
死は異常な遺伝子を消去するプログラムでもあります。
この点について，解説しましょう。

どういうことでしょうか？

生命活動に必要な情報は，すべてDNAに書きこまれています。先にお話ししたように，DNAには，アデニン（A），チミン（T），グアニン（G），シトシン（C）の4種類の塩基の並び順で，遺伝情報が保存されています。
いわば遺伝情報は，A，T，G，Cという4種類の"文字"で書かれた暗号文だということができます。

ふむふむ。

さて，細胞が分裂するとき，DNAのセットを正確にコピーする必要があります。
しかし，このときにはどうしてもミスが発生してしまいます。
また，それだけではなく，日常生活の中であびる紫外線などによっても，本来とはことなる塩基に変化したり，塩基が失われたりするなどの"傷"ができます。

DNAって傷つきやすいんですね。

## DNAのさまざまな傷

DNAの中では，「ATGC」の4種類の塩基が，決まったパターンで並んでいる。その塩基の位置が入れかわったり，間隔がつまったりすることを，DNAの傷（変異）という。

正しい塩基配列

置換　AがGに置きかわった

挿入　TとCの間にAとGが割って入った。

欠失　CとTの間のAが失われ，間がつまった。

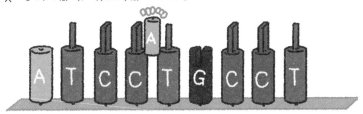

283

そういえば，そういったDNAの傷が老化の一因でしたよね。

そうです。よく覚えていましたね！
**ヒトの細胞の1個の核の中にあるDNAには，約60億の塩基対が並んでいます。そのうち，1日あたり数千個に傷がつくと考えられています。**

# ええ〜！ そんなにたくさん!?

そのほかにも，細胞内のミトコンドリアが発生させる「活性酸素」も傷の原因になります。

活性酸素はさっきやりましたね。
でも，DNAって超重要な物質ですよね。そんなにDNAが傷つけられていたら，細胞は，いや，細胞からできている私たちは生きていけないんじゃないですか？

たしかに，これらの傷を放置しておくと，生命活動に支障が出ます。
だから，**DNAは修復する酵素を使って，たえず傷を修復しているんです。**

DNAって修復することができるんですね！
すごい！

# ただし！
傷が修復されるといっても，傷のある塩基1000個のうち1個以下という割合で傷は残ってしまいます。

完全ではないのか……。傷がたまって老化していくというわけですね……。

そういうことです。
まだ老化のしくみには謎が多くありますが，遺伝子に傷が増えることが老化の原因の一つとされています。また，DNAを修復する酵素がはたらかない人は，老化が早まる病気になりやすいことが知られています（245ページ参照）。

そんな病気もあるんですか。

DNAの傷は体細胞だけにつくものではありません。**次の世代に情報を渡す生殖細胞につくこともあります。**これはとくにやっかいです。

生殖細胞に傷が？

はい。
長く生きた個体の遺伝子は，傷が多い傾向があります。こうした個体の生殖細胞を使って子孫をつくると，傷がさらにたまっていきます。多様性にも繋がりますが，あまりに急激な変化は，生存できなくなるなどマイナスの方が大きいです。

そりゃあ大変だ！　どうすればいいんでしょう？

これを回避する一つの方法は，ある程度時間が経ったところで，**古い個体が必ず死ぬようにプログラムしておくことなのです。**

そういうことか。

 ヒトのDNAは傷を修復する能力が非常に高いため，数十年生きているくらいでは傷が多くなりすぎることはありません。でも，**ヒトが200年も300年も生きつづけたとしたら，問題がおきかねません。それを避けるのが，死のプログラム，つまり個体の寿命の役割の一つと考えられるのです。**

 DNAの傷が多い古い個体は「死」によって消去される……。
じゃあ，自死するしくみをもたない大腸菌のような生物には，傷がたまっていかないんでしょうか？

 大腸菌のような1倍体であろうが，私たち人間のような2倍体であろうが，傷がつくことには変わりありません。
ただし，1倍体生物は1セットしかない遺伝子に傷が入ると，すぐに生命活動や生死そのものに影響が出てしまいます。
つまり1倍体生物は，細胞の死のしくみをもたなくても，ちょっとでもDNAに傷が入れば，すぐに個体の死につながりやすいのです。これは**個体がそのつど死んでいくので，集団全体としては傷をためこみにくいことを意味します。**

 なるほど。じゃあ，2倍体生物は？

**2倍体生物の場合は遺伝子セットが二つあるから，一方の遺伝子に入った傷はすぐに個体の変化としてあらわれづらいため，傷をためこみやすいわけです。**

 だから，2倍体の生物で死のプログラムが進化してきたということですね！

 そういうことです。

## DNAの傷は，進化にも結びつく

 今説明したように，生物はエネルギーをついやして遺伝子の傷を修復しています。
しかし，**傷がまったくできないというのも，実は生物にとってのぞましいことではないんです。**

 なぜですか？　無傷であれば，ずーっと若々しくいられるんじゃないですか？

多くの場合，遺伝子に傷がつくと，正常な細胞が異常に増殖する細胞に変化したり，本来とことなるタンパク質がつくられるようになったりして，都合が悪いことがおきます。

 そうでしょうね。やっぱり傷がないほうがいいんじゃないですか！

 ところが，たまたまいくつかの変化が重なって，むしろ生存するうえで有利な変化がおきることもあります。このような**都合のよい変化**が重なることで，生物は進化してきたと考えられているのです。

 ## 進化!?

 進化とは，長年の間に遺伝情報に書きかえが生じ，それにともなって生物の形態なども変わっていくということです。すなわち，**DNAの傷も生物の多様性を生みだす大きな要因であるわけです。**

 DNAの傷は，多すぎると生死にかかわるけれど，逆にまったくなければ，多様性を生みだせなくなる。そのバランスが重要ということか……。

 ミスがまったくないと，私たちが進化することもなかったんですよ。

 失敗は成功のもと，というわけか！

書きかえが生じた場所

## 生物の寿命を決める要因は，よくわからない

今までの説明で，生き物にはなぜ寿命があるのかがわかりました。でも，**寿命の長さ**は，生き物によってそれぞれちがいますよね？

ガラパゴスゾウガメ：最大寿命177年

ヒト：最大寿命122.5年

アフリカゾウ：最大寿命65年

ヒキガエル：最大寿命40年

スズメ：最大寿命23年

ミミズ：最大寿命10年

ミツバチ：最大寿命8年

出典：『理科年表 平成31年』

たしかに，170年以上も生きるガラパゴスゾウガメや，8年ほどで死ぬミツバチなど，生物種によって寿命は大きくことなります。

ヒトは80歳ぐらいまで生きますが，イヌやネコは長くても20年ぐらいしか生きられないじゃないですか。このちがいを生みだすのは何ですか？
私はできれば200歳くらいまで生きて，世界がどう変わっていくのか，長く見つづけたいんですが！

ふふふ。200年後はどうなっているでしょうね。
前に，DNAの鎖の末端には**テロメア**とよばれる塩基の配列があるという説明をしましたよね。

老化の具合は，DNAの鎖の末端にあるテロメアの長さで決まっているっていうお話でしたね。細胞が分裂するたびに短くなって，分裂の回数を“カウント”していると。
あっ！　もしかして，テロメアの長さで寿命が決まっているとか!?

おー，天才的な発想！
たしかにそう考えられた時代が，かつてありました。

なんだ，ちがうんですか？

調べてみると，寿命が数年しかないマウスのテロメアは，ヒトのテロメアより長いことがわかりました。テロメアで寿命が決まっているのだとすれば，マウスの寿命はヒトより長くなりそうですよね。

そっか，テロメアが寿命を決めているわけではないのか。じゃあ，生き物によって寿命の長さがちがう理由ってなんなんです？

実は，寿命の長さを決めている原因については，**まだ明確な答はありません。**

わかっていないんですか……。
なぁんだ。

生物の寿命には，栄養の代謝にかかわる遺伝子や，DNAの修復にかかわる遺伝子など，数多くの遺伝子が影響していると考えられています。
今でもさかんに研究が行われているんですよ。

# 世界最長寿の動物はサメ！？

　2016年，アメリカの科学誌「Science」に，北大西洋に棲息するニシオンデンザメの年齢が，最長で512歳の可能性があるという論文が掲載されました。

　これ以前，地球上の脊椎動物で最も長寿とされていたのは，211歳のホッキョククジラでした。

　ニシオンデンザメは，体長がおよそ5〜6メートルあります。雌が子どもを産めるようになるまで150年かかり，1年で1センチメートルほどしか成長しません。

　乱獲により現在は数が激減し，絶滅危惧種となっています。

## 「長寿遺伝子」が寿命をもっとのばすかもしれない

たとえば，ヒトだけを見ても，長生きする人とそうじゃない人がいますよね。
長生きする人は，なにか**特別な遺伝子**をもっているのでしょうか。

**世界の研究者たちは，そうした「長寿遺伝子」というべき遺伝子が，おそらく存在するだろうと考えています。**
長生きする人の家系には，やはり長生きする人が多いことが知られていますし，がんのなりやすさも遺伝の影響を受けることがわかっています。

おーっ，やっぱりあるんですね，長寿遺伝子！

ええ。110歳以上の長寿者を**スーパーセンテナリアン**といいます。
最近では，スーパーセンテナリアンの人たちに共通する遺伝子や環境をさぐる研究も進んでいるんですよ。

カッコいいな，スーパーセンテナリアン！
長寿にかかわる遺伝子については，何かわかってきているんですか？

DNAの傷についての研究から，寿命の長さに大きくかかわる長寿遺伝子の候補がいくつかわかってきています。
その代表的なものが**サーチュイン遺伝子**です。

**サーチュイン遺伝子は，DNAの安定化にかかわる遺伝子です。**

そもそもDNAは，細胞の核の中で**ヒストン**というタンパク質に巻きついて存在しています。

サーチュイン遺伝子からつくられるサーチュインタンパク質は，このヒストンに結合して，その性質を変えるはたらきをもっています。

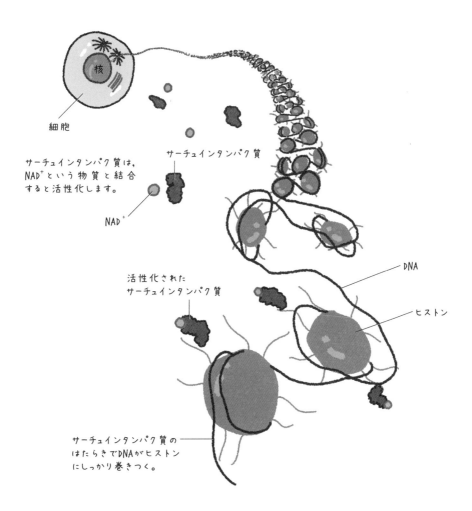

細胞

サーチュインタンパク質は，
NAD⁺という物質と結合
すると活性化します。

NAD⁺

サーチュインタンパク質

活性化された
サーチュインタンパク質

DNA

ヒストン

サーチュインタンパク質の
はたらきでDNAがヒストン
にしっかり巻きつく。

サーチュイン遺伝子がはたらくとどうなるんですか？

 **サーチュイン遺伝子がはたらくと，DNAがヒストンにしっかりと巻きついて安定した状態で収納され，傷がつきにくくなるんです。**

 すげー！

 興味深いことに，マウスなどを使った実験で**サーチュイン遺伝子を多くはたらかせると，寿命が延長することがわかりました。**

 DNAが傷つきにくくなると，結果的に長寿になる！

 さらに，ヒトのサーチュイン遺伝子には個人差があることがわかっています。

 遺伝子を変えるわけにはいかないしな……。たとえば，より強く自分の体内のサーチュイン遺伝子をはたらかせるようなことはできないんでしょうか？

 ポリフェノールの一種や，カロリー制限などが，サーチュインのはたらきを高めることを示す報告もあります。しかし，まだまだ研究段階で，これらの効果についてはよくわかりません。

サーチュイン遺伝子の研究が進めば，多くの人がより長生きできるようになるのかもしれないですね。

サーチュイン遺伝子のほかにも，寿命にかかわる可能性のある遺伝子はいくつか報告されています。これらの研究が進み，老化のメカニズムがくわしく突き止められれば，人類は多少なりとも**死を遠ざけ健康に過ごせる期間を延ばす**ことができるかもしれません。

「死を遠ざける」かあ……。不安になったりドキッとするような話題もいっぱいありましたけど，死や老化，そして寿命について，たくさんのことを知ることができました。死に対しては，何となくタブー視してしまうところもあったのですが，死は，生命が進化していく中で獲得した，**繁栄のためのしくみ**だというのは，目からウロコでした。死について，今までとちがった角度で考えることができるようになった気がします。とても面白かったです。

それはなによりです。

先生，**今日はありがとうございました！**

# 索引

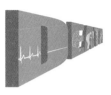

## A〜I

AED（自動体外式除細動器）
............................ 64
ATP ............................ 67
BMI............................ 115
DNA ............................ 229
DNAの傷 .......... 282〜289
HeLa細胞 ............ 100〜101
iPS細胞 ........................ 277

## あ

アポトーシス ........ 224〜227
アルツハイマー病
.................... 19, 246〜248
アロイス・アルツハイマー
........................ 250〜251
1倍体生物 .................... 260
運動記憶 ...................... 146
エントロピー増大の法則.... 50

## か

回数券タイプの細胞
.................. 218, 220〜223
解糖系...................... 164
カスパーゼ .................... 224
活性酸素 ............ 237〜239
カルス ........................ 275
加齢黄斑変性 ....... 157〜159
がん .................... 240〜244
緩解 ............................ 80
幹細胞........................ 234
冠動脈........................ 61
ガンマ・オシレーション ....... 74
緩和ケア ...................... 122
基礎代謝 ...................... 171
虚血性心疾患 ............ 16, 60
筋線維........................ 83
検視 ............................ 108
検死 ............................ 108
骨粗鬆症 ...................... 184
骨密度........................ 182

## さ

サーチュイン遺伝子 ........ 294

サルコペニア ................. 167

死後硬直 ...................79〜81

死体現象 ......................... 29

死の三徴候 ..................... 27

死亡診断書 ..................... 103

終末拡延性脱分極 ........... 76

出血性ショック ................. 24

植物状態 ...................33〜37

白髪 .............................. 206

しわ ................... 190〜197

心筋梗塞 ......................... 60

神経細胞 ....... 66, 135〜139

心室細動 ...........64, 70〜72

心静止 .....................71〜72

心臓マッサージ................. 69

スーパーセンテナリアン .. 294

生殖細胞 ...............213, 264

線維芽細胞 .................... 194

染色体 .......................... 263

臓器移植 ......................... 95

ゾウリムシ .......... 270〜273

速筋と遅筋 .................... 161

## た

体細胞................212〜214

大腸菌................257〜258

男性型脱毛症(AGA)..... 202

定期券タイプの細胞

.........................218〜219

低体温症 ........................ 20

低体温療法..............72〜73

テロメア .............228〜236

テロメア合成酵素

(テロメレース).............. 234

瞳孔反応 ...........28,30〜31

動脈硬化 ...................... 62

閉じ込め症候群........37〜39

## に

2倍体生物.................... 261

ネクローシス................. 216

脳幹............................. 31

脳死.......................40〜43

## は

白内障......................... 156

ヘンリエッタ・ラックス

.................. 100,130〜131

法医解剖 ...................... 109

## や

有性生殖 ..................... 261


## ら

臨死体験 ................. 74〜75
老眼 ............................ 150
老衰 ............................ 106


## ま

看取りケア .......... 127〜128
ミトコンドリア................. 165
無性生殖 ..................... 260
メラニン ........................ 207
毛周期(ヘアサイクル)..... 201
モルヒネ .............. 123〜124

索引

シリーズ第 **14** 弾!!

東京大学の先生伝授

## 文系のための めっちゃやさしい

# 宇宙

2022年1月上旬発売予定　A5判・304ページ　本体1650円(税込)

　宇宙は気が遠くなるほど広大で，謎と神秘に包まれています。たとえば，時速200キロメートルの新幹線で太陽へ行こうとすると，約86年かかります。そして太陽の次に近い恒星に新幹線で行こうとすると，なんと約2200万年もかかります。しかし宇宙全体で考えると，これらの距離はごくごくわずかなものでしかありません。

　宇宙にはいったい何があるのでしょうか？　そしてどうやって今の姿になったのでしょうか？　今からおよそ100年前，望遠鏡を使った観測によって，宇宙が膨張をしていることが発見されました。つまり，大昔の宇宙は，今よりももっと小さかったようなのです。宇宙は約138億年前に誕生し，たくさんの星の形成と崩壊をくりかえしながら，少しずつ膨張をつづけてきたと考えられています。

　本書では，「宇宙」の謎について，生徒と先生の対話を通してやさしく解説します。宇宙の誕生から現在に至るまでの歴史から宇宙の未来まで，本書と共に，壮大な宇宙を旅してみませんか。

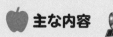 **主な内容**

## 宇宙はどれほど広いのか
私たちは「天の川銀河」に住んでいる
宇宙は膨張している！

## 宇宙はどのようにして
できたのか
宇宙のはじまり
恒星と惑星の誕生

## 宇宙には"謎"が満ちている
謎の物質，ダークマター
謎のエネルギー，ダークエネルギー

## 宇宙に果てはあるのか
宇宙の外側には別の宇宙がある？

## 宇宙の未来
天体時代の終わり
宇宙の終わり

## Staff

| | |
|---|---|
| Editorial Management | 木村直之 |
| Editorial Staff | 井上達彦，宮川万穂 |
| Cover Design | 田久保純子 |
| Writer | 小林直樹 |

## Illustration

| | | | | | | | |
|---|---|---|---|---|---|---|---|
| 表紙カバー | 松井久美 | 78 | 松井久美 | 182 | 羽田野乃花 | 247 | 佐藤蘭名 |
| 表紙 | 松井久美 | 79~86 | 羽田野乃花 | 183~184 | 松井久美 | 249 | 松井久美 |
| 生徒と先生 | 松井久美 | 87~99 | 松井久美 | 186~188 | 羽田野乃花 | 252~253 | 羽田野乃花 |
| 4~5 | 松井久美 | 101 | 羽田野乃花 | 189~191 | 松井久美 | 255~256 | 松井久美 |
| 6~7 | 羽田野乃花 | 102~105 | 松井久美 | 192~197 | 羽田野乃花 | 257 | 松井久美 |
| 8 | 松井久美 | 106 | 羽田野乃花 | 198 | 松井久美 | | 羽田野乃花 |
| 9 | 羽田野乃花 | 107~113 | 松井久美 | 199 | 羽田野乃花 | 258~260 | 羽田野乃花 |
| 10~16 | 松井久美 | 115~117 | 羽田野乃花 | 203~204 | 松井久美 | 261 | 松井久美 |
| 17 | 佐藤蘭名 | 118~129 | 松井久美 | 206 | 羽田野乃花 | 263 | 羽田野乃花 |
| | 松井久美 | 133 | 羽田野乃花 | 209 | 松井久美 | | 松井久美 |
| 18~31 | 松井久美 | 135~137 | 佐藤蘭名 | 211~212 | 松井久美 | 265~269 | 羽田野乃花 |
| 34~42 | 羽田野乃花 | 138~141 | 羽田野乃花 | 213 | 佐藤蘭名 | 271 | 松井久美 |
| 44 | Newton Press | 142 | 松井久美 | | 羽田野乃花 | 273 | 羽田野乃花 |
| 45 | 松井久美 | 145~147 | 佐藤蘭名 | 215~221 | 羽田野乃花 | 275~281 | 松井久美 |
| 47 | 羽田野乃花 | 149 | 羽田野乃花 | 223 | 羽田野乃花 | 283~290 | 羽田野乃花 |
| 48 | 松井久美 | 150 | 羽田野乃花 | | 松井久美 | 291~292 | 松井久美 |
| 50~52 | 羽田野乃花 | | 松井久美 | 225~227 | 羽田野乃花 | 293~295 | 羽田野乃花 |
| 55 | 松井久美 | 151~154 | 羽田野乃花 | 229 | 松井久美 | 297~299 | 松井久美 |
| 56 | 佐藤蘭名 | 156 | 松井久美 | 230 | 松井久美 | 300 | 羽田野乃花 |
| 59~61 | 松井久美 | 158 | 羽田野乃花 | 232·233 | 松井久美 | | 松井久美 |
| 62 | 羽田野乃花 | 161 | 松井久美 | 235 | 羽田野乃花 | 301 | 松井久美 |
| 63 | 松井久美 | 162 | 羽田野乃花 | 238·239 | 松井久美 | 302~303 | 岡田悠梨乃 |
| 65~68 | 松井久美 | 163 | 松井久美 | 242 | 羽田野乃花 | | |
| 70~71 | 松井久美 | 165~169 | 羽田野乃花 | 244 | 松井久美 | | |
| 76~77 | 羽田野乃花 | 170~181 | 松井久美 | 245 | 羽田野乃花 | | |

監修（敬称略）：
　小林武彦（東京大学教授）

東京大学の先生伝授
文系のための よくわかる
# 死とは何か

2021年12月25日発行

| | |
|---|---|
| 発行人 | 高森康雄 |
| 編集人 | 木村直之 |
| 発行所 | 株式会社 ニュートンプレス　〒112-0012東京都文京区大塚3-11-6 |
| | https://www.newtonpress.co.jp/ |

© Newton Press　2021　Printed in Korea
ISBN978-4-315-52488-8